新 潮 文 庫

# へんないきもの

早川いくを著



新 潮 社 版

8683

# へんな
# いきもの

# 目　次

男には男の武器がある、というが…

# タコブネ

**タコブネの雌**

タコブネの貝殻は繊細で美しいフォルムを持ち、
工芸品にもなっている。中身は単なるタコである。
貝の一部が壊れると修理することもある。

貝殻入りのタコである。それだけでも十分ヘンテコだが、そのオス・メスの営みは宇宙一奇妙だ。オスには殻はなく、立派な殻を持つのはメスだけだ。その上オスの体長はメスの**20分の1**。メスからすればゴミのような存在である。

だがその矮小《わいしょう》なオスは、ひとつの大きな特徴を持っている。８本足の他に１本、精子袋を格納する交尾用の「ペニス足」を持っているのだ。オスは一軒家ほどに巨大なメスを見つけると、いそいそと近づいてこのペニス足を挿入する。

だが、あろうことかそれは**挿入後ブツリと切断されてしまうのである**。そしてメスは体内に残された複数のオスのペニス足で受精するのだ。ペニス増大薬を飲み、「チントレ」と称して日夜その種の鍛錬に励む諸兄におかれては、前を押さえて逃げたくなるようなフロイト的悪夢である。タコブネ夫に生まれなかったことを感謝して欲しい。

オスのペニス足は二ヶ月ほどで再生するそうで喜ばしいが、お役にたったらまたブツリと切られるのである。

[ タコブネ ]

タコ・イカの仲間で頭足類（とうそくるい）の、カイダコ類に属する。太平洋・日本海の暖海域に生息。タコ同様肉食で、稚魚や甲殻類を食べる。普段は海中を漂うが、水を噴射して進むこともできる。雄の「ペニス足」は交接腕と呼ばれるもので、最初に発見されたときは寄生虫と思われたという。雌は貝殻の内側に卵を房状に産みつけ、新鮮な海水を送り込むなどして保護する。

弱者集いて不善をなす

# オニダルマオコゼ

**愉快な顔だが危険**

体表の色とトゲで海底の岩や珊瑚になりすます。
猛毒と固いトゲで防備は完全のようだが、それでもウツボなどに丸呑みにされる事もある。

似ているタイプ

新橋あたりの飲み屋でくだ巻く熟年に、こういうタイプがいたりする。憎めぬご面相だが実はこの魚、猛毒をもつ眼光炯々《けいけい》たる狩猟者である。ごつごつした体表で砂地や珊瑚《さんご》礁に見事に擬態し、そして獲物の小魚が通ると瞬《まばた》きする間に呑《の》みこんでしまう。背びれのとげはダイバーのブーツも突き通し、刺されると呼吸困難、神経麻痺《まひ》を起こし、死亡することもあるという**魚類では最も強力な猛毒**を持つ。

このオニダルマオコゼに対し、小魚たちが「モビング」という行動を起こすことが知られている。モビングとは、邪魔な動物を大勢で取り巻き、目の敵《かたき》とばかりに、監視したり追い立てたりするような行動で「疑攻撃」などともいわれている。猛毒の狩猟者もモビングされるとさすがになすすべもなく、すごすごと去るしかない。

こういった行動は浅ましき動物界のことだけかと思いきや、万物の霊長・ヒトの職場でも増加しているという。叱咤《しった》暴言無視中傷、出張ミヤゲのまんじゅうすら分けないなどといった心卑《いや》しきモビング行為が、オフィスで、会議室で、給湯室で、日夜繰り広げられている。

そして、モビングを被《こうむ》った者は、飲み屋で梅酎《ちゆう》ハイ片手に「俺は本当は猛毒を秘めた男だぜチキショウ」などと息巻くことになるのだが、そんな繰り言は、当然誰も聞いていないのであった。

[ オニダルマオコゼ ]

体長40センチ。太平洋西側、日本では奄美大島以南に分布。海底の岩礁、珊瑚礁などに擬態し、身を潜める。餌をとるとき以外はあまり動かない。英名を Poison Scorpion fish、または Stone fish といい、猛毒をもつ。背びれの13本の毒棘にある、ハブの80倍ともされる高タンパク質系の猛毒にやられると、人間の場合、嘔吐・呼吸困難が起こり、ひどい場合は心臓が停止することもあるという。

## 皮膚病を治す神の魚

# ドクター・フィッシュ

**乾癬の患部を "治療" する魚**

旅行代理店などでは、このトルコの治療体験ツアーなどを組んでいるところもあるようだ。

乾癬《かんせん》とは、発疹《はつしん》により皮膚が著しく荒れてしまい、患者に精神的な苦痛をもたらす皮膚病の一種である。根本的な治療法はまだ見つかっていない。

トルコのシワス県、カンガルの温泉に棲《す》むドクター・フィッシュと呼ばれる小魚は、この乾癬を治療するといわれている。人間が湯に浸《つ》かると大勢の魚が集まり**皮膚病の患部だけをきれいに食べてくれるのだ**。しかもただ食べるだけではない。この魚には「執刀」「瀉血《しやけつ》」「処置」の３種類が作業別に存在し、「執刀」が患部をそぎ落とし、「瀉血」がその部分の血を吸い出し、「処置」が舐《な》めて唾液《だえき》で止血するという実に丁寧な「治療」を行ってくれるのだ。

自然界には共利共生の関係がある。この魚にとっても人間の皮膚は貴重な蛋白《たんぱく》源で、患部だけを食べるのは単に食べやすいからだともいう。だが、丁寧に血止めまでしてくれるのは何故《なぜ》なのだろうか。

現代医学でも治療法が見つからない病気を、この奇妙な小魚たちは黙って治してくれる。地元では「神の奇跡」とされているが、治療率80%という実績を見れば、うなずかざるを得ない。封建的な医局なるものに支配され、医療ミスを隠蔽《いんぺい》したりする大学病院などより魚の方がよほどいいかもしれない。

[ ドクター・フィッシュ ]

ガラ属というコイの仲間で、体長14センチほど。雑食で普段はプランクトンなどを食べている。温泉に棲むものは30度を超す温度にも耐えられる。トルコ南部、西アジア、チグリス - ユーフラテス川の流域などに棲息。

未確認生命体
## UMA発見の夢の跡
# ウバザメ

ウバザメの食事
性質はおとなしいが、プランクトンのいる海面近くを泳ぐため、
小舟などが衝突すれば簡単に転覆してしまう。

**全長10メートル重さ4トン**、「ジョーズ」ことホホジロザメより大きい鮫《さめ》である。巨大で、凶暴で、船を食いちぎる恐怖の人食い鮫……などと書きたいところだが、バカザメと呼ばれてしまうほどおとなしく、主食もプランクトンである。トンネルのごとき大口を開け、何トンもの海水を丹念に濾過《ろか》し、微生物をエラで漉《こ》し取るのだ。地道きわまる食餌《しよくじ》法だが、小口顧客を丹念に囲いこむようなもので、意外と利益は大きいのであろう。

昭和52年、マグロ船瑞洋丸《ずいようまる》はニュージーランド沖で首長竜のような腐乱死体を引き上げ、ニューネッシーと呼ばれ話題となった。例の写真で有名なアレ

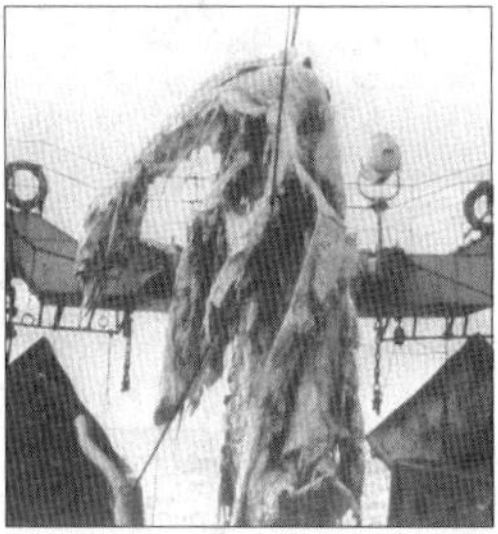

有名な例の写真

である。船長の田中さんの「あまりの臭さに死骸《しがい》は捨ててしまった」との談話に日本全国の少年（およびスキモノなオトナ）は「バッキャロー‼」と叫んで頭を掻《か》きむしったが、持ち帰ったヒゲ部分の成分調査から、「ニューネッシー」はウバザメであることがほぼ確定してしまった。ウバザメの死骸から下顎《あご》がとれてしまうと、ちょうど首長竜のような格好になってしまうのだ。

しかし断定されてしまった今でも「いやしかし……」といまだ**思いを捨てきれない**ＵＭＡファンは、全国に350人ぐらいはいるはずである。

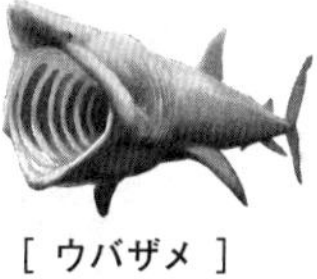

［ ウバザメ ］

全長10メートル。太平洋、大西洋、南インド洋の寒帯から温帯にかけて広く分布。時速３キロほどで泳ぎながら鰓耙（さいは）と呼ばれる部分で海水を濾過し、エサのプランクトンを漉し取る。絶滅が危惧されるとして、ワシントン条約で取引規制対象種に決定された。

## 無表情で無脊椎《せきつい》なチアリーダー

# キンチャクガニ

**片時もイソギンチャクを手放さない**

エサを食うときですら離さないが、脱皮のときだけは脇にそっと置き、
体が固まるとまた持ち直すという。
イソギンチャクは「カニハサミイソギンチャク」という種類だが、
カニに挟まれている状態でしか発見されておらず詳しい生態も不明。

ゴドラ星人似のこのカニは、両手に「ボンボン」を持っている。ボンボンを左右に振る姿はチアリーダーのようだが、別に何かを応援しているわけではない。これは実はイソギンチャクで、彼らはこのイソギンチャクにエサをとらせたり、敵を追っ払ったりして、**いいように利用**して生きているのだ。

カニは、移動性というイソギンチャクのメリットを盾に、これは共利共生である、と主張するかもしれないが、かなり一方的である。しかもそれなくしては、もはや生きていけないのだ。女に寄生するヒモのようなものである。金づるを失っては大変なので、**絶対放さないよう**、ハサミもイソギンチャク挟みに特化した進化を遂げている。

キンチャクガニ同士が顔付き合わせて、ボンボンをリズムに合わせて左右に振っていることがある。先輩のチアリーダーが後輩に「クリスティ、そうじゃないわ、こうよ！」と指導しているのでは無論ない。これは縄張り意識の強いこのカニが、相手を領土から追い出そうと、イソギンチャクの武器で威嚇《いかく》しあっているのだ。

だが、お互いに手の内がばれている武器で威嚇しあっても何の意味があろうか。このカニは「道具を使う唯一《ゆいいつ》の無脊椎動物」などとおだてられていい気になっているが、一向にそこに気づかぬあたりが**甲殻類の限界**というものであろう。

［ キンチャクガニ ］

体長３センチほど。伊豆大島以南の太平洋に広く分布する。サンゴ礁の珊瑚の隙間、石の下などに棲む。小さなイソギンチャクを持ち、エサ集めや威嚇をする。キンチャクガニの仲間は現在８種ほど知られているが、どこでイソギンチャクを入手するかなど、生態が解明されてない点も多い。

## 最初から守りに入ってる人生

# ハリモグラ

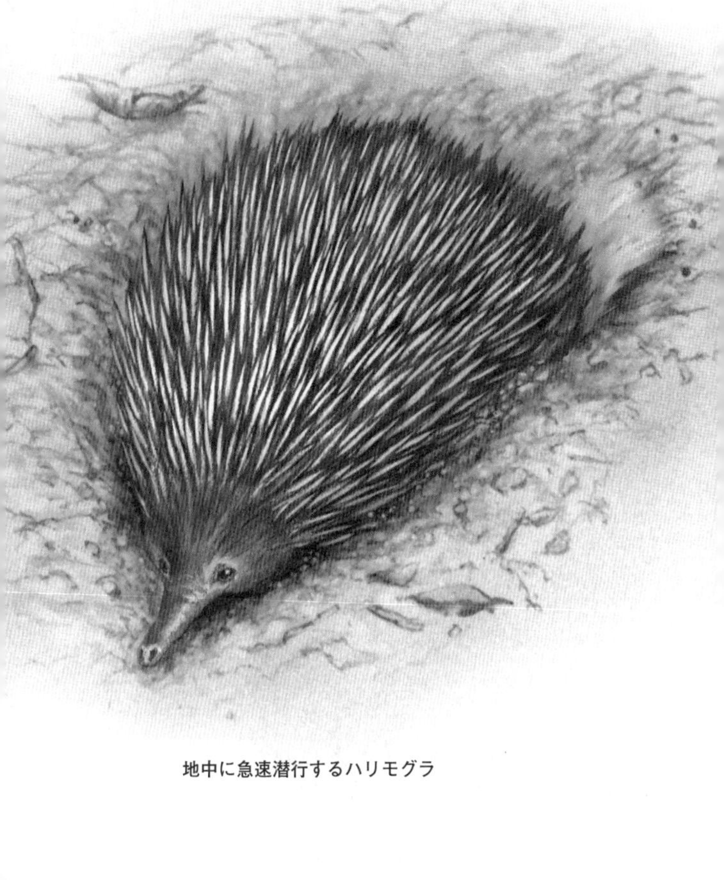

地中に急速潜行するハリモグラ

哺乳類《ほにゅう》のくせに卵を産み、カンガルーのように子供を腹の袋で育てる。また体の代謝を自分で調整できるという技を持つ。それだけでも十分珍獣の名に値するが、その上全身に針を生やしている。モコモコと動くさまは愛らしいが、うっかり抱きしめたりすると血だらけだ。この鋭い針だけでも防備は完《かん》壁《ぺき》に思えるが、敵が近づくとさらにボールのように丸まって**ウニ**のようになってしまう。こうなると敵はちょっと手が出せない。そしてさらには潜水艦のように地中に垂直に急速潜行してしまう。こうな

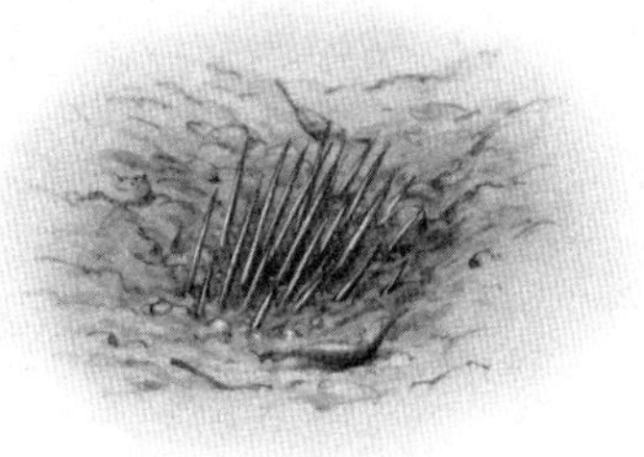

**潜行した状態。**
どうにも手のつけようがない。

るともうまったく手は出せない。その過剰防衛が功を奏しているのか、これといった天敵もいない。

だが、生きることの無意味さを悟るのでもあろうか、何故か晩年になると針も毛も抜け落ち、**憎形となって渋い余生を過ごす**のだった。

[ ハリモグラ ]

オーストラリア、ニューギニアに生息。体長50センチほど。主食はアリや白アリ、イモムシなどで、細長い舌で舐め取って食べる。歯はないため、食べ物は口蓋ですりつぶす。単孔目（たんこうもく）と呼ばれる原始的な哺乳類の仲間で、カモノハシのように卵生である。寿命ははっきりしていないが、49年生きたという飼育記録もある。

サメ一家の末席を汚《けが》しやす

# カスザメ

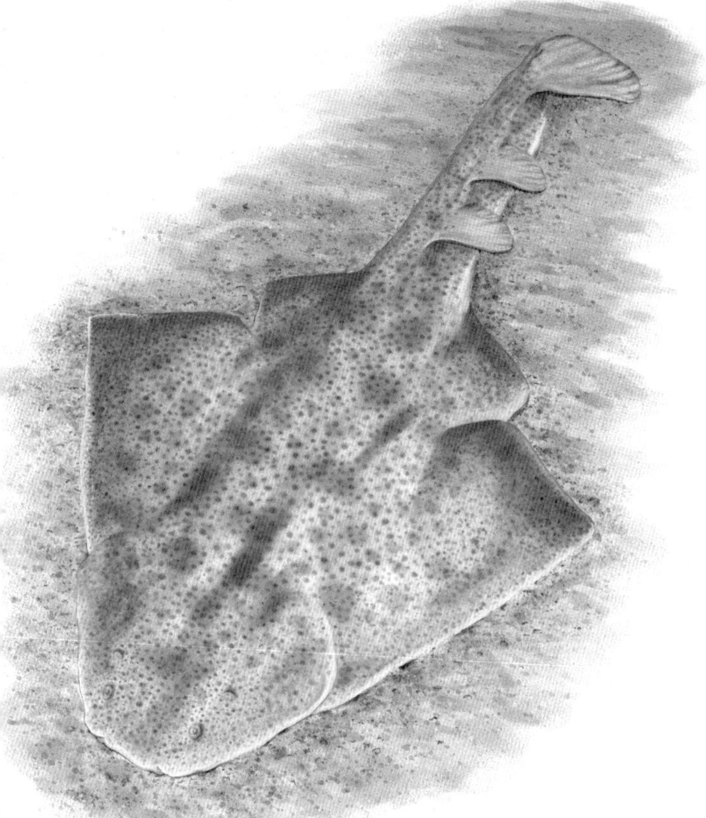

**じっと獲物を待ち伏せるカスザメ**
巧みに砂地に同化し、辛抱強く獲物が通るのを待つ。
攻撃時は大口を開けて瞬時に獲物を丸呑みにする。

生物学的には立派な鮫であるが、その扁平《へんぺい》な姿はどうみてもエイである。海のヤクザ、サメ一家の中では「おめえみてえなのはサメじゃねえよ」とつまはじきにあうのではと余計な心配をしてしまうが、名前からしてカスだから仕方がない。そして他の勇猛なサメの兄貴に比べ、そのしのぎの手段とは、「新宿鮫」が聞いたら怒るのではと思うほどまことにせこい、「だまし討ち」である。

海底の砂に潜って身を潜め、目だけを出してじっと獲物が通るのを待ち伏せる。ただひたすら、ときには何日も辛抱強く待ち続ける。

そして待ちに待った獲物が通りかかると電光石火で丸呑みにするのだ。その間わずか0.2秒。ちなみに次元大介の早撃ちは0.3秒。**次元より早いのだ**。

この瞬間だけ、カスはカスなりに男の技というものを魅《み》せてくれる。

しかし、こんな早業を持ったカスザメだが、その鮫肌でわさびが風味豊かにおろせるため、かっこうのおろし金としてご家庭の奥様に重宝されてしまうあたりが、やはり小物感の否《いな》めぬところである。

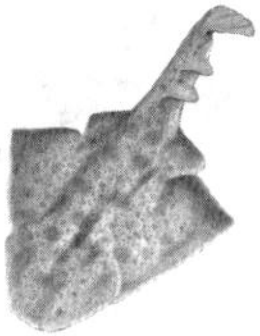

[ カスザメ ]

体長1.5メートル。世界の温水域、日本では北海道以南の日本近海の海底に棲息する。海底の魚、貝類なども食べる。そのウロコは皮歯（ひし）と呼ばれ、ざらざらの「さめはだ」を作っている。その皮膚は刀剣の柄などにも使われることがある。

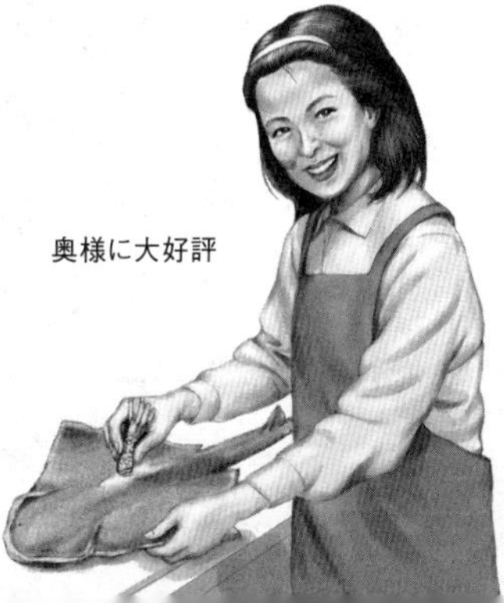

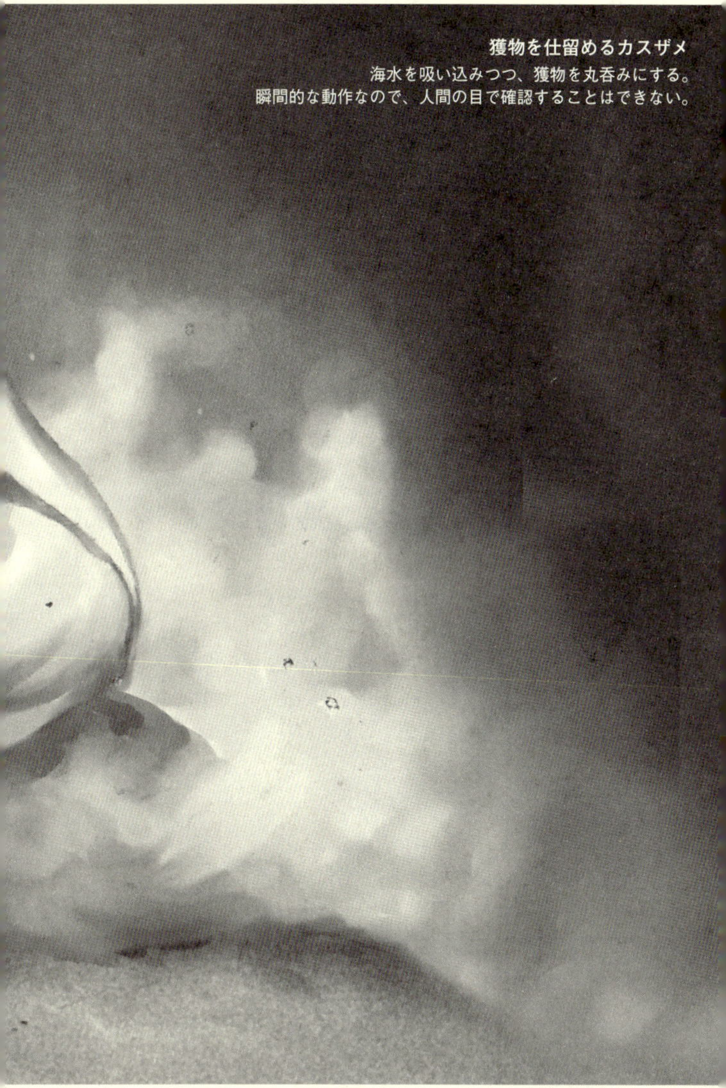

**獲物を仕留めるカスザメ**

海水を吸い込みつつ、獲物を丸呑みにする。
瞬間的な動作なので、人間の目で確認することはできない。

# ウミウシ人気の陰で
# ムカデメリベ

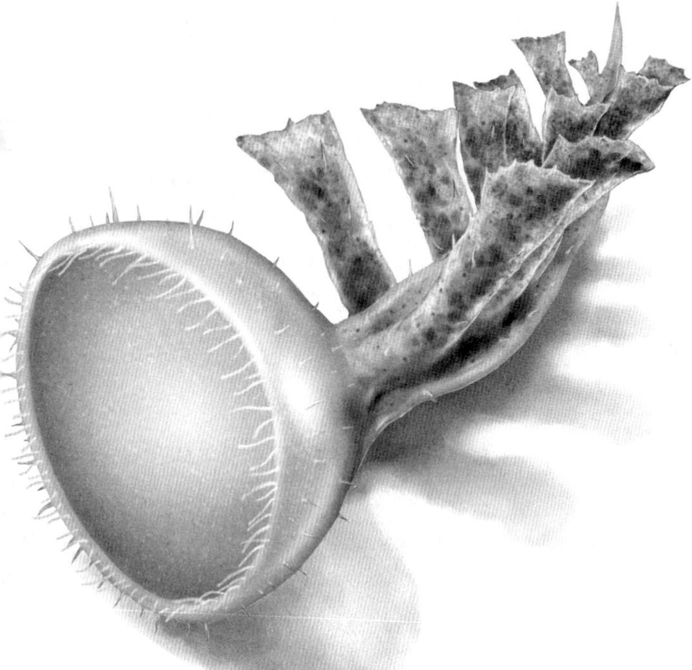

**マニア受けしそうな外観**

たまにヤドカリなども食ってみるそうだが、固さに負けて諦めてしまうという。
盲目だが匂いや味はわかるらしい。

ダイビング人口200万ともいわれる日本で、ここ数年ウミウシが人気だ。ダイバーのツアーでも「ウミウシウオッチング」はすっかり定着した感もある。カラフルで不思議な形態をもつウミウシ類は女性ダイバーにも「かわいーい！」と大人気だ。今まで図鑑の片隅で肩身の狭い思いをしていたウミウシ類もこんな脚光を浴びるとは夢にも思わなかったろう。カラフルでかわいらしいウミウシ類は、「フルーツポンチ」だの「ピカチュウ」だのといった名前が勝手につけられてしまい、専門の研究者を歯がみさせるほどポピュラーな存在になってしまった。

しかし同じウミウシ類でもこのムカデメリベはいかがであろう。

**便所すっぽん**に春巻きをくっつけたような形態。その上色彩もなくゼリー状で半透明。「未使用コンドーム」ともいわれる。しかもその頭巾《ずきん》のような口をガバッと開いてプランクトンや小エビ類をまるごと飲み込むという、これまた不気味なエサの取り方をする。意味もなくぐねぐねと泳いだりもする。どう見ても女子に人気は出そうにない。

しかし、海の底でこの奇妙な生物がうごめくさまに心奪われ、魅入られたようになってしまうダイバーもいるという。さぞ日々の生活に倦《う》み疲れた人なのだろう。酸素不足になってムカデメリベの横にぷかりと浮かぶことにならぬよう注意してほしい。

[ ムカデメリベ ]

体長10センチ。ウミウシの仲間。太平洋全域、日本では青森以南の、水深15メートルまでの岩礁域に生息する。小エビや小型の甲殻類をエサにする。背びれは脱落しても再生する。独特の悪臭がある。3～8月にかけて産卵、リボンのような卵塊を作る。

サイボーグ戦士誰《た》がために戦う

# シロアリ化学戦闘員

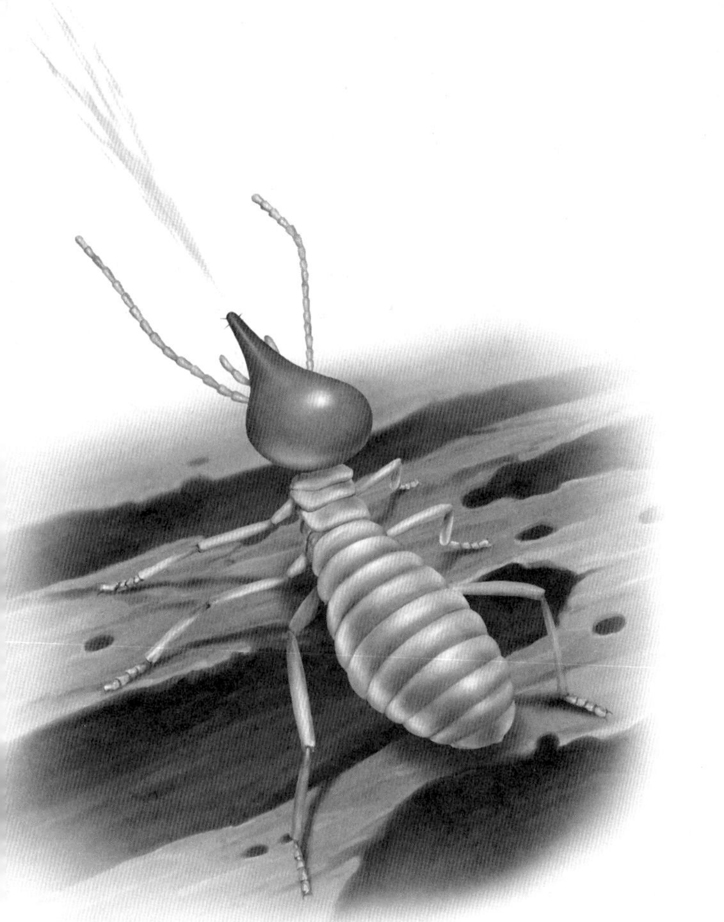

**化学的攻撃に特化した白アリ兵**

敵のアリ類は普通の兵よりむしろこちらの化学兵を警戒する。
器は優れているが、盲目なので「下手な鉄砲」式に撃たざるを得ないところがネックである。

白アリの巣は他のアリ族に襲撃を受けることが多く、またアリ捕食動物の脅威にもさらされている。アリクイなどの襲来は、ゴジラ上陸のようなもので、うかうかすると国ごとぶっ潰《つぶ》されてしまう。

これらの敵と戦うため、白アリは軍隊を有する。隊員アリの武器は強力な顎《あご》と特攻精神だが、白アリの中には、悪臭を伴う粘液を頭部から噴射する「粘液銃」を使う化学特殊部隊をもつ種類もいる。この液体を噴射されると敵はその場にぺったんこと貼《は》り付いて動けなくなってしまうという、大昔のコントのような兵器だが、なかなかどうして効果的だ。粘液銃の射程は90ミリにも達する。

この化学兵白アリたちは、特殊武器による戦闘ということ以外に、その存在理由はない。そのため**頭も噴射器そのものと化してしまっている**。無論、生殖能力もない。いわば化学戦に特化したサイボーグともいえる。

これらの化学戦闘隊は通常の兵隊アリと同様、使い捨てである。彼等にとっては2秒毎、1日48,000個の卵を産む女王アリの存在が全《すべ》てで、いかに犠牲が出ようと彼女さえ守りきれば白アリ軍人の本懐は遂げられるのである。

ちなみにこの白アリ軍は、他の蟻塚《ありづか》に派遣されることはない。

［ シロアリ ］
白アリの種類は1200から1500もあるといわれている。女王を中心とした「真社会性」を持つ集団だが、食性も巣の構造も種によってさまざまである。白アリの中で噴射兵器を使うのはテングシロアリ亜科と呼ばれるグループで、日本ではタカサゴシロアリ１種のみが日本最南西端の八重山諸島に分布している。

怨《おん》念《ねん》＆ピース

# キメンガニ＆スマイルガニ

キメンガニ

甲羅の様相が鬼面のように見えることからこの名がついた。
砂に隠れ、カモフラージュにヒトデなどを背負うので普段はこの顔は見えない。

**笑う蟹／ヒライソガニ**

日本の海岸でもっともポピュラーな蟹。
それにしてもこの顔はできすぎである。

奢《おご》る平家は久しからず。壇ノ浦で滅ぼされた平家一門の怨念が乗り移り、その無念を伝えるため、恨みの形相を背負っていると言われるのが、かの有名なヘイケガニである。その形相は恐ろしくもあるが、しかし亡霊だけあって、どこかもの哀《がな》しさと諦念《ていねん》がうかがえるものだ。

しかしこのキメンガニには、そのような悲哀は全くない。とりあえず謝っておかないと殴られそうな憤怒《ふんぬ》の表情だ。しかもヘイケガニのような逸話もなく、誰が何に対して怒っているのかさっぱりわからないところが、**新耳袋海洋生物版**ともいうべき恐ろしさだ。

反対に脱力系の蟹《かに》もいる。2003年8月、三重県尾《お》鷲《わせ》市の海岸で小学3年生の野呂洋貴くん（8歳）が潮干狩りの最中、背中にスマイルのある蟹を発見、水族館に持っていった。そのスマイルはどこからどう見ても**マンガ**なので、当然誰かが**マジックで書いた**と思われたが、本物であることが脱皮して初めてわかった。

ヘイケガニやキメンガニが怒りの現れというなら、このノホホンとしたカニは何だ。天然のゆるキャラだろうか。自然界から人間へのピース・メッセージとかいうことだろうか。しかしただニッコリされてもな。

それにしても、怨念にしろピースにしろ、そのメッセージの伝達者がどうして「カニ」なのだろうか。甲殻類は親切なのか？

[ キメンガニ ]

甲長３センチ。九州、中国南部の内湾、インド洋、東アフリカ、オーストラリアなどにも分布。普段は砂底に潜って暮らしている。背中にヒトデや藻、貝類などを乗せてカモフラージュする。

[ ヒライソガニ ]

甲長３センチ。日本各地で最もよく見られる蟹の一つ。海岸の石の下に潜んでいる。甲羅の色、模様はさまざまなものがある。

**カースト制の社会**

ハダカデバネズミの社会は一種のカースト制で、繁殖個体、
巣などをメンテナンスするワーカー、防御をするソルジャーに役割が分化している。

# 全裸の覗《のぞ》き魔ではない

# ハダカデバネズミ

穴掘りという目的だけのために、目も捨て、耳も捨て、毛皮も捨て、ただひたすら歯と顎《あご》だけを強力に発達させてきた、**掘削《くっさく》バカ一代**ともいえる地中哺乳類《ほにゅう》。ベトコンゲリラもびっくりの、総延長3キロメートルにも及ぶ一大トンネル網を築き、集団で暮らしている。

この集団には白アリのような「真社会性」がある。女王だけが出産をし、他の働き手が養育、食料調達、土木建設、そして防衛などの任務を担《にな》ってバックアップする体制である。哺乳類でこの真社会性を持つのはハダカデバネズミだけである。

北海道大学の研究チームが、働き者のアリでも実は全体の二割はサボっているという研究結果をまとめた。いくら怠け者を排除しても、残る働き者のうち二割はやはりサボるのだそうだ。

ハダカデバネズミにもこの法則があてはまるらしく、こっそりサボる奴《やつ》が出てくるが、見つかると**女王にドつかれる**。女王は白アリ女王のように大奥に君臨せず、自らせっせと御見回りあそばされるのだ。恐れ多くも女王陛下自らの御ドつきである。怠け者はいたく恐縮し、人が、いやネズミが変わったように働きはじめるという。

二割の法則は、人間の官僚的組織にも当てはまるだろう。まっとうに働かず、いかにして怠けるかという、いらぬ知恵ばかり働かす輩《やから》が必ずいるからだ。だがその数は、二割ではきかないかもしれない。

［ ハダカデバネズミ ］

体長9センチほど。体重は30〜80グラム。植物の根などを食べている。ケニア、エチオピア、ソマリアに生息。乾いた土地にトンネル網を築いて集団で棲む。1つのコロニーには100頭ほどがおり、生殖できるのはひとつがいだけである。

軟体の鬼畜

# イシガキリュウグウウミウシ

獲物を襲うイシガキリュウグウウミウシ
お椀のような巨大な口が開いて、相手を丸呑みにする。
ゲゲゲの鬼太郎に出てくる、妖怪やかんづるのようだ。
交尾のために仲間に近づくと食われたりもする。

仲間のウミウシを見つけるとゆっくりと擦り寄って行く。親睦《しんぼく》を深めるためではない。食うためである。マンガとしか思えないような大口を開けて**自分と同サイズの仲間でさえも丸呑みにする**。当然子供でも容赦なく、食う。この生物にとっては同胞といえど食料か、敵でしかないのだ。

隙《すき》を見て仲間を食い、油断すれば、食われる。ウミウシに聞いてみたことはないが、きっと飢えと猜《さい》疑《ぎ》と恐怖に満ちた人生であることだろう。畜生道ここに極まれり。同じ共食いでも、交尾後に食われるカマキリの方が、自分の遺伝子を残せるだけ、まだ救いがあるかもしれない。

青藍《せいらん》に黄金色の目も綾《あや》な衣装、そして「リュウグウウミウシ」という優美な名前だけが、かつては華麗な竜宮の一族であったであろうこの生物の遠い過去を、わずかにうかがわせる。

艶《あで》やかな衣装に身を包んだこの海底の鬼畜は、絢《けん》爛《らん》たる竜宮から石もて追われ、文字通り荒波に揉《も》まれ、流浪《るろう》の果てに、やがて仲間同士食いあうまでにその身を墜《おと》した竜宮の一員の、悲しき末裔《まつえい》なのかもしれない。

しかし、一体いかなることがあって竜宮を放逐《ほうちく》されたのか。それはもはや誰にもわからない。

[ イシガキリュウグウウミウシ ]

沖縄以南、太平洋西部地域に生息。体長は20センチを超えるものもいる。ブルーとイエローの鮮やかなツートンカラー。他のウミウシを常食している。この椀のような口で相手を「味見」することもあるらしい。1ヶ所に多くいることもあるが、それは群れているのではなく「エサが豊富な所にいる」ということだ。ウミウシ類は雌雄同体の種が多いが、イシガキリュウグウウミウシもその仲間に入る。

寄生する針金

# ハリガネムシ

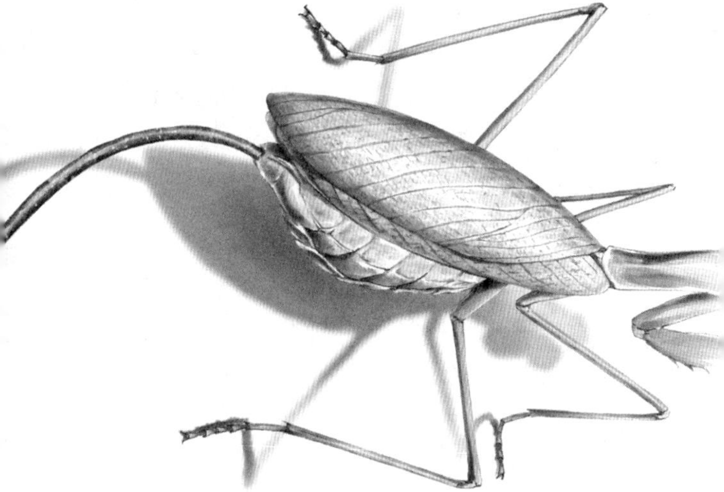

**正体を現すハリガネムシ**

寄生虫というものの存在は、人の心の
原初的な恐怖を呼び起こす何かを持っているようだ。

原初的な恐怖

カマキリの死骸《しがい》が異様な動きをしている。こわごわ覗《のぞ》き込むと尻《しり》から黒いヒモがビックンビックンと這《は》い出て来る。思わずのけぞる。ところがそれを放っておくとやがて針金そっくりに固まってしまう。固い。どこからどうみても針金だ。手品を見ているようである。不審に思い、水をかけてみると、今度はネズミ花火のごとく狂ったように踊り出す。ギャッと叫んで逃げる。

寄生虫などというものは、ろくでもない姿をしているのが常だが、その上こんな不気味な三段変化で引田天功のマジックばりに人を驚かすのが、このハリガネムシだ。

カマキリなどの昆虫に寄生するが、人間に寄生することもあるらしい。**くしゃみをしたら鼻からハリガネムシが出てきた**という医師の報告もある。ごくまれな例らしいがあり得ることのようだ。しかし寄生された人間は意のままに操られるという話は、さすがに都市伝説というものであろう。

だが、この虫に頭脳を乗っ取られたかのような狂った行動に走る人間は、近年とみに増加している。

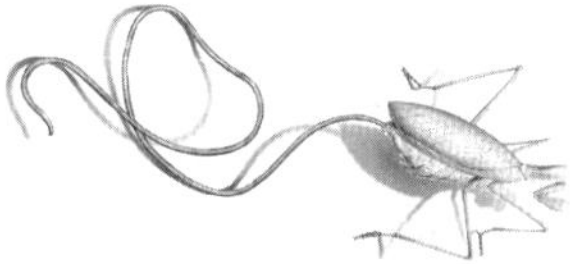

[ ハリガネムシ ]

線形虫類（せんけいちゅうるい）に属する。体長15センチから90センチに至るものもあるという。世界中の池や沼に生息する。水中の卵から水生昆虫に寄生し、それをエサとしたカマキリなどの昆虫の体腔に寄生する。成長すると夏から秋にかけて宿主の体から脱出して水中に戻る。ヘア・ワーム（Hair worm）とも呼ばれる。雌雄異体。

## 我が国ではほぼ絶滅した
# サカサクラゲ

**共生藻に光合成させる**
体内の藻は褐虫藻（かっちゅうそう）と呼ばれる。この藻に光合成させるため、常に逆さまの状態で水底に沈んでいる。マングローブ林付近などにも多数生息する。

このクラゲは体内に「共生藻《きょうせいそう》」と呼ばれる藻を飼育している。クラゲは共生藻が出す栄養素をもらう代わりに、藻には排泄《はいせつ》物を養分として提供する。共利共生の関係である。そしてこの藻に光をあてて光合成させるため、**死ぬまで逆立ちして暮らす**。

ちなみに「サカサクラゲ」とはその形から温泉マーク、すなわち**連れ込み宿**の隠語として使われていた。

昔はワケありの男女の密会となれば、連れ込み宿が本流であった。だがラブホテルに席巻《せつけん》されその数は激減、パンダやトキのように保護する者は無論な

温泉マーク

く、今ではほとんど**絶滅**してしまった。

絶滅したものは二度と戻らない。痛ましいことである。

さびれた宿の前で逡巡《しゆんじゆん》する男女の図などというものは、まだ恋人たちに恥じらいなるものが存在していた時代の風情《ふぜい》である。

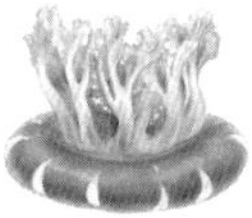

[ サカサクラゲ ]

最大直径20センチほど。九州以南の熱帯・亜熱帯の海域に分布する。共生藻に光を与えるため、傘の部分を逆さまにして、海底の砂地にじっとしている。

連れ込み宿

アニマル忍者武芸帳

# オポッサム

**死んだフリをし続けるオポッサム**
死んだフリに加え、枝から尻尾でぶら下がって身を守るという、
これまたニンジャ的な技も持つ。

白土《しらど》三平の「忍者武芸帳」には「病葉《わくらば》の法」という忍法が出てくる。完璧《かんぺき》な死体に化けきって敵を油断させる忍法だが、オポッサムはこの病葉の法を使う。敵を察知すると死んだフリをするのだ。だが我々がクマに見つかったときにかますであろう子供だましの死んだフリなどとは格が違う。悪臭のある唾液《だえき》で漂わせる死臭、うつろに開いた瞳《ひとみ》、ぐったりした肢体、かすかな痙攣《けいれん》とともに徐々に息絶えていくそのさまは、まさに**迫真の死にっぷり**で、猟犬がくわえて振り回しても正体を見せないという**ド根性**をも見せてくれる。その気合いの入った死にざまに、動くものしか襲わない習性を持つ山猫やコヨーテなどは、まんまと一杯食ってしまう。

一見か弱く見えるこの小動物は、修行を重ねてこういった技を会得《えとく》し、繁栄することに成功したのでござる。

**[ オポッサム ]**

北アメリカ唯一の有袋類（ゆうたいるい）で、腹の袋で子育てをする。体長は30〜55センチほど。昆虫や果実、卵などが主食。オポッサムには種類が多いが、ここでとりあげているのはキタオポッサム。あまりに見事な死んだフリは条件反射による一種の仮死状態と考えられていたが、その後の実験で、「死んでいる」間にも脳波が活動していることが確かめられている。

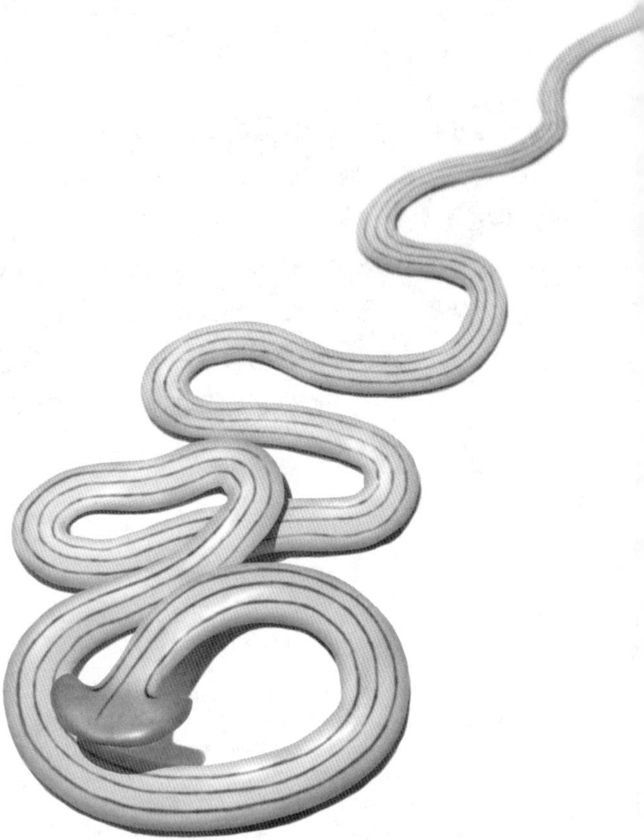

**夜道にうごめく謎のヒモ**

プラナリアと同じく再生力が高く、頭部と尾部を切断してつなげると接合して輪っかになってしまう。無論そんなことをしてはいけません。

## ヒモの噂《うわさ》の真相

# コウガイビル

雨上がりの夜道に、ヒモが落ちている。気にも留めずに行きすぎようとするが、ふと見るとそのヒモはうねうねと動いている。目が釘《くぎ》付けになる。そしてそれが生きものだとわかると仰天し、翌日「ヒモみたいな生きものを見た！」と訴えるが誰も信じない。コウガイビルは実在するにもかかわらず、まるで都市伝説のように語られてしまう生物だ。

コウガイビルの体長は2メートルにも達する。思索に耽《ふけ》るように頭を振りながら動いており、その姿は何か深い知性のようなものを感じさせるが、当然知性などはひとかけらもない。

食物はミミズやナメクジである。じたばたと暴れるミミズに、別れないワとすがる女のように絡《から》みつき、こんがらがったヒモのようになって相手を拘束すると、**腹部にある口から咽頭《いんとう》部を露出させ、消化液で相手を溶かしてすすりあげてしまう**。ちなみに口は肛門《こうもん》も兼用している。

コウガイビルは粘液状の糸を出すことで、**電気のヒモ**のように空中にぶら下がる技も持つ。うっかり引っ張ったりすると後悔する。

アイルランドではコウガイビルの増殖でミミズが減少、農業生産にまで影響が及んでいるという。弱いようでいて、実は人間のヒモと同じくしたたかに生きているのだ。

[ コウガイビル ]

体長最大2メートルにもなる、扁形（へんけい）動物の一種。灌木（かんぼく）や石の下など、湿ったところに棲み、単純な感覚器官をもつ。食物はミミズやカタツムリなど。笄（コウガイ）という女の髷（まげ）に刺す髪飾りに似ていることからこの名がついた。コウガイビルにもいくつか種類があるが、山吹色のオオミスジコウガイビルが一番よく見かけられるようである。ミミズなどと同じく雌雄同体。乾燥に弱い。

タコは上がり、イカは飛ぶ

# トビイカ

**風に乗り滑空するトビイカ**

船に驚いて飛び立つこともあるという。
水中から空中へダイレクトに離陸するさまは、軟体のスカイダイバーといってよいであろう。

鳥や昆虫以外にもモモンガ、クモ、ヘビ、カエルなど、飛ぶ動物というのは意外に多い。だからイカが飛んだって不思議ではなかろう、などと言うのは理屈に過ぎない。イカが飛べば驚くに決まっている。

トビイカは体内のタンクに海水を溜《た》め、それをジェット噴射して水中から離陸すると、水かきのような膜に風をはらんで滑空する。気流にのれば、数十メートルも飛行するという。頭足類のくせに洒落《しやれ》た真似《まね》をするものだ。まぶしい太陽の下、青い海を滑るように飛ぶトビイカはとってもさわやか。夏のヒット曲も聞こえてきそうだ。

♪熱い Season　マリンブルー
　大空を舞うのさイカ　in My Dream
♪ Super Body のあの娘の頭上を　ジェット飛行さ
　イカ　I'm still in Love

こんな風に書くとイカにも脳天気に、西海岸の青い海を飛んでいるようだが、イカも酔狂で飛んでいるわけではない。やむにやまれぬ事情、**飛びでもしなければマグロに食われてしまう**というせっぱ詰まった理由があるのだ。

それにしても水中の、しかも軟体動物が飛行するのである。水中からイキナリ空中である。よほど気合いを入れた進化をしたのだろう。イカは多くは語らぬが、数多くの苦労もあったに違いない。

しかし歯がみする魚類を尻目《しりめ》に、颯爽《さつそう》と空中へ飛翔した途端、**アホウドリにさらわれたり**するので、やっぱり自然は甘くはない。

［ トビイカ ］

体長35センチ。インド洋、太平洋全域に分布。他のイカと同じく、魚や甲殻類をエサとする。飛ぶイカとして知られている。飛距離は50メートルほど。腕の間に張った膜が主翼となり、ヒレは先尾翼となる。沖縄ではトビイカ漁が行われる。

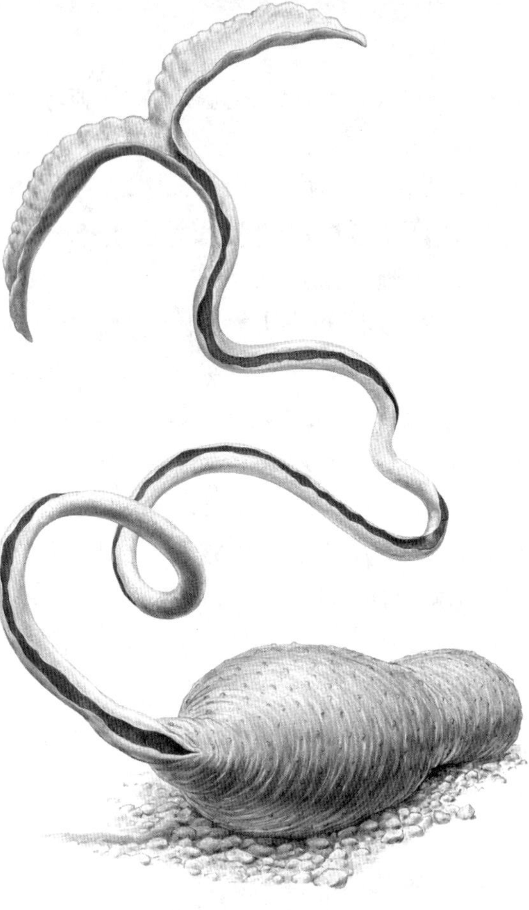

**成体となるのは……**

口吻（こうふん）部分を合わせると、２メートルもの体長になるが、
その大きさに成長できるのは、メスだけだ。

## 男の存在意義なるものについて

# ボネリムシ

海生の無脊椎《せきつい》動物で、小芋ほどの本体に長い口吻《こうふん》がくっついている。この口吻はエサ探しのため2メートルにも伸びる。だがこれはメスだけの話だ。オスの体は顕微鏡サイズであり、体積でいうとメスの**20万分の1**である。雄雌の比率がここまで馬鹿《ばか》げて極端な例は他にない。

ボネリムシの幼生は、雄雌未分化の状態にある。だが、その時期に成体のメスに見つかると幼生は**メスに吸い込まれてしまい**、そしてメスの体内でオスに成長するのだ。そしてオスはそれ以後メスの子宮の小部屋で生涯過ごすことになる。

オスは巨大なメスに生存の全《すべ》てを委《ゆだ》ねる。食物もメスに与えてもらうが、体表を通して直接栄養をもらうため、消化器官さえもたない。

しかし口は存在する。食うためではなく、**精子を放出するためだ**。オスは、メスの体内で卵を受精させるための、生殖器官に成り下がってしまっているのだ。

21世紀の今日でも、夫唱婦随《ふしょうふずい》などという思想を本気にしている男子は多くいるが、かの「家畜人ヤプー」でさえ色あせる、この徹底的な女尊男卑の生物についてどう思うだろうか。

激怒するか、…と思いきや案外どうも思わないかもしれない。こういった男子に唯々諾々《いいだくだく》と付き従う女子もまたたくさんいるからだ。もっとも、男子が金を握っていることが前提だが。

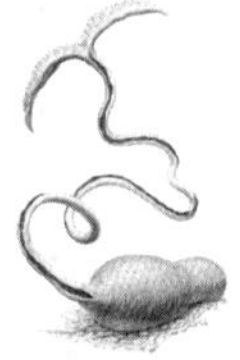

[ ボネリムシ ]

メスの本体部分は10センチほど、口吻部分を合わせると2メートルにもなる。口吻は長く伸び、海底に積もった有機物（デトリタス）をエサにし、切断されても数週間で再生する。雌雄未分化の幼生はメスの体内でオスに緩やかに変身する。

おでんにするとお得

# 多脚タコ

足が絡んだりしないのか

三重県鳥羽水族館には85本足のタコの標本があるそうなので見に行ってみよう。
だが見たからといって別に御利益はない。

日本で消費されるタコの7割はモロッコからの輸入であったが、輸入拡大で乱獲が起き、漁獲高は激減。モロッコ政府は資源保護の見地から禁漁を決定した。タコヤキ屋は大打撃だという。

それほどまでに日本人はよくタコを食うが、こんなに獲《と》り放題に獲っていると中には変なものも混じることがある。

昭和32年、三重県答志島で**足が85本あるタコ**が捕れ、あまりに珍しいので酢ダコにはされず標本にされた。奇形か？　突然変異か？　学術的には全く謎《なぞ》で、現在も研究されているらしい。しかし謎ということであれば、人間界にも異様な髪型や、埋めこんだ真珠を得意がるようなのがいるから、タコ界にも独自のこだわりを持つのがいて、せっせと足増やしに励みでもしたのだろう。そしてメスダコに「キャースゴーイ」とか何とか言われて悦に入っていたに違いない。別に真剣に研究などしてくれなくてもけっこうだ。

だがそれにしても85本とは骨のある奴だ（注1）。その点についてだけは脱帽しようタコよ。

だがその後、**96本足**というさらなる強者《つわもの》が見つかったそうだ。上には上のタコがいる。85本タコもビンの中でさぞ歯がみ（注2）している事であろう。

注1　タコなので骨はない。注2　タコなので歯もない。

**［ 多脚タコ／マダコ ］**

体長60センチ。日本近海でもっとも多く見られるタコ。エビやカニが好物。タコを食用にするのは、日本とほんの一部の国だけである。96本タコは三重県志摩マリンランドに保管されているという。

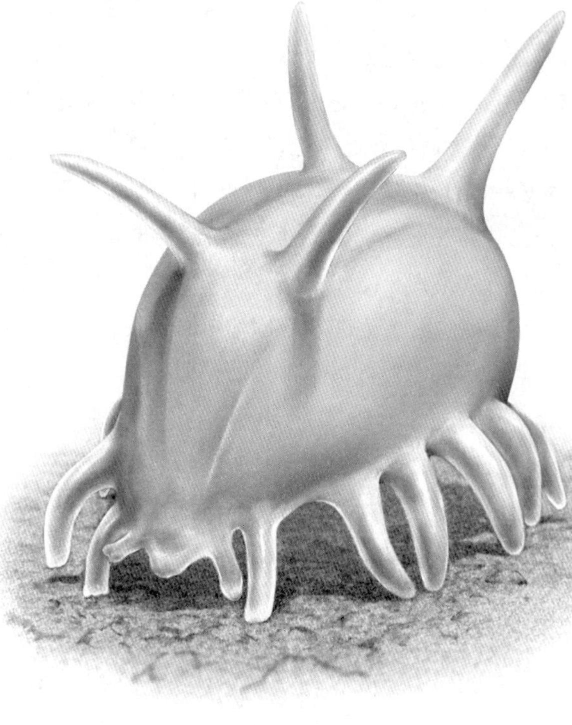

**宇宙生物のような外観**

体から突き出ている突起は、転倒したとき、軟泥に沈まないための
工夫であると考えられている。足がたくさんあるところから「千手観音」
の名をとってこの名がついたというが、少々不敬な気もする。

世界のどん底で愛想を振りまく

# センジュナマコ

深海8000メートルという、世界のどん底で生きるナマコ。外観はキテレツだが、一日中泥を舐《な》めて生きる、地味な暮らしぶりだ。

「カワイイ」と評する人は意外に多い。あるメーカーが深海生物フィギュア付き飲料を売り出したときも、このセンジュナマコは大好評であった。こんなに人気ならキャラクターとして有望なのではないか？　サンリオはどうだろう？　英名もSEA PIGとカワイイし、外国でもイケるのでは？　そこで予備調査としてアメリカ人100人…といいたいが実際は38人にアンケートを実施してみた。ハーイ。あなたはこの生きものをカワイイと思いますか？

「全然かわいくない。酵素かバクテリアみたい」

**「ゴム手袋を膨らましたんでしょ？」**

「脂《あぶら》ぎったポケモン」「4インチまでなら許せる」
……といった具合に、回答はかわいくない派が多数であった。いくらピカチュウが当たったとはいってもこれではやはりだめだろう。
「かわいさ」とか「笑い」のカルチャーギャップは大きい。アンケート調査は当地のある女性に依頼したのだが、彼女に対し、我々大和民族には真似《まね》のできないベタなアメリカン・エロジョークで回答した男性もいて、文化とは何かを考えさせられる。その回答とはこうだ。
「この金玉から生えてる触手は君の食欲をそそってたりするのかい？」
思わず真珠湾もう一発、などと考えてしまうがここは忍耐だ。

［ センジュナマコ ］

体長10センチ。水深3000〜8000メートルの深海に棲む。海底をゆっくりと這い、泥の上に積もった有機物（デトリタス）を舐めている。7〜8対の管足（かんそく）を持ち、ゼラチン状で、色素は失われている。その体は海水の比重に近いため、水圧に押しつぶされることはない。大集団でいることもある。

## 虐待《ぎゃくたい》されてもマヌケ顔

# プラナリア

**強靭すぎる再生能力**

頭部を10等分されると、このようなマヌケなヤマタノオロチのような形で再生する。
下等生物だが学習能力があり、学習した個体が増殖しても
その記憶が同様に再生されるという。

理科の実験でおなじみのプラナリア。その強力な再生能力が仇《あだ》となり、再生研究のモデル生物などというものに使われてしまうため、罪もないのにブツ切りだの千切りだの唐竹割りだのと、**ありとあらゆる方法で切り刻まれてしまう**。

理科の本でも「見つけたら切ってみよう」などと奨励しているため、いたいけな子供も平気で真っ二つにする。また、熱帯魚愛好者は害虫として憎悪《ぞうお》しており、薬品や生物兵器（エビなど）による虐殺《ぎゃくさつ》を行う。「プラナリアが好きで好きでたまらない」というマニアも、再生の様子を見たくてたまらず、やっぱり切ってしまう。

かように好き派であろうが嫌い派であろうが、結局人々はこの生物に731部隊よりひどい虐待を加えることになるのだが、ことプラナリアに関しては動物保護団体も知らんぷりである。

だがしかし、どう切り刻まれようとも、この生物はマヌケ顔のまま**平気で再生**してしまうのだ。ある研究者は頭に来てみじん切りにし、120もの破片にしてしまったが、それはやはり120匹のプラナリアに再生してしまった。

この強靭《きようじん》な再生能力に、ある学者は「刃物の下では不死身」とまで言った。もし何かの間違いで武蔵《むさし》とプラナリアが渡り合ったとしても、武蔵に武士の本懐は遂げられないのだ。

だが刃物には強いプラナリアも水質汚染にはめっぽう弱く、ちょっとした変化で、あえなく**溶けてしまう**のであった。

[ プラナリア ]

体長20〜25ミリ。日本列島全域の水のきれいな河川に生息（北海道を除く)。肉食で水中の小虫などを捕食する。頭部に口があるわけではなく、腹から咽頭（いんとう）を出してエサを取り込む。「新生細胞」を持つため再生力が強い。水質に敏感なため水質を示す指標生物ともされる。眼は簡単な視神経からなるもので、光の強弱、方向だけを識別する。大部分の種が雌雄同体。

勝負は見えている

街道一ならぬ海底一の大親分

# イザリウオ

獲物をおびき寄せる
胸びれを足のようにして歩く様子から"いざり"ウオと名付けられたが、
「不適切な名称」として2007年、「カエルアンコウ」なる名称に変更された。
つまらぬことをしたものである。

その泰然たるさまに、肝の据《す》わったおかたと海底の衆からは一目置かれている。その小さい目玉で天下を睥睨《へいげい》し、滅多なことには動じない。

エサのため保身のため息せき切って泳ぎ回るなどという馬鹿《ばか》な真似《まね》はしないから当然ヒレなどという俗なものも持たず、足でしっかり大地を踏みしめ、堂々と歩く。軽佻浮薄《けいちようふはく》なダイバーごときが近づいても全く無視。下々の者など眼中にないのだ。

だが親分、日がな仏頂面《づら》に野暮をさらしているわけでもなく、たまには着物をカラフルに変えたりする茶目っ気もあり、そのＵＦＯキャッチャーのぬいぐるみのごとき姿に、案外、女子供にも人気が高い。エサ探しにあくせくすることもなく、額の疑似餌《ぎじえ》をちらちらと振れば、ご馳走《ちそう》は向こうから飛びこんでくる。親分は、ただそれを丸呑《の》みにすればいいのだ。貫禄《かんろく》とはこういうものである。

日ごろ大岩のごとき親分だが、喧嘩《けんか》のときは電光石火だ。相手がいくら大きい魚でも稲妻のごとく呑みこんでしまう。自分の丈よりずっと大きい魚を恐れもせず、一気に呑みこんだはいいが、ちっとばかり**相手が大きすぎて窒息死**しちまいなすった。だがこれが男気というものだ。

［ イザリウオ ］(改名後は"カエルアンコウ")
体長5～40センチ。イザリウオ科は12属42種に分類され、太平洋、インド洋など世界の暖海に幅広く分布。額の「エスカ」と呼ばれる背びれの一部が変型した触角を巧みに動かし、エサの魚を誘う。体色を周囲の色に変えて擬態する。外国では"フロッグフィッシュ"と呼ばれ、スペインでは串焼きにして食うという。

ぼくとつな名前の超生命体

# クマムシ

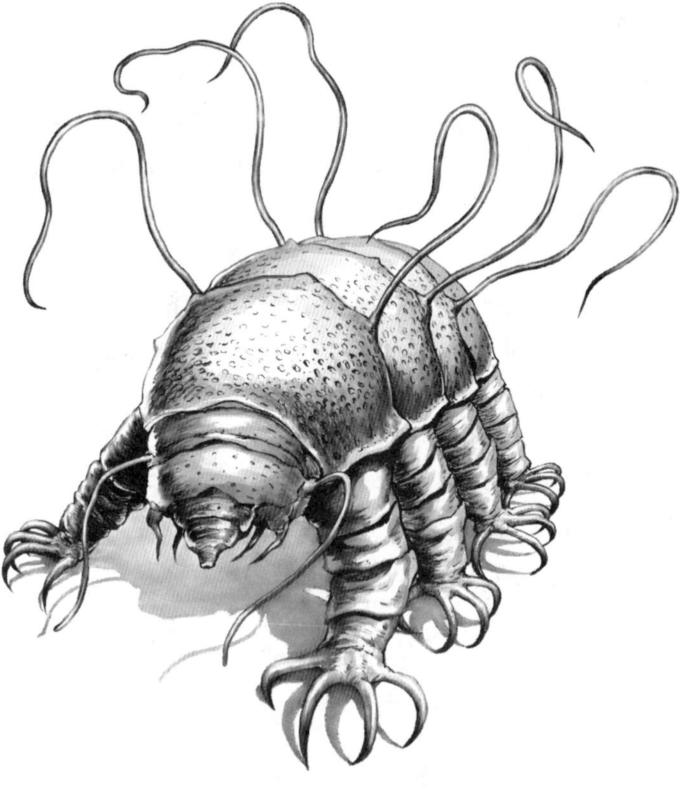

**嘘のようだが本当なクマムシ(Water Bear)の姿**

装甲されたようなその姿は怪獣そのものである。世界中にファンが多い。
高山から深海、ご自宅の裏庭まであらゆる所にいる。
日本の温泉からも発見された事がある。
レンジで3分チンする実験にも平気であった。

不死身の生物がいるかと聞かれたら、火の鳥とこのクマムシと答えて差し支えないだろう。

クマムシは“乾眠《かんみん》”という体内から水分を放出した一種の仮死状態になり、摂氏**150度の高熱にも絶対零度**(−273度)**にも、真空にも、乾燥にも、6000気圧もの高圧**や人間の致死量をはるかに超える**放射線**にさえも耐えることができるという。またアルコールなどの有機溶媒にも耐性があり、さらには代謝率を0.01%以下という異常な値にまで抑制し、100年は生き続ける。

しかし、絶対零度だの放射線だの、このケタはずれなまでの耐久性は何なのだろうか。宇宙空間にでも進出するつもりだろうか。それとも核戦争を生き抜き、人類の後釜《あとがま》に座る魂胆なのだろうか。

想像してみよう。クマムシが支配し、クマムシ文明が栄える世の中を。クマムシ高度成長期を経て、クマムシ角栄がクマムシ列島改造論をぶち上げ、クマムシ55年体制の下、クマムシ経済は繁栄する。

クマムシ AKB48は歌い踊り、クマムシワールドカップが開かれ、クマムシディズニーランドやクマムシソープランドができる。そして、クマムシ社会に紛争は起きない。地震が起ころうと戦争が起ころうと皆が生き残ってしまうので、必然的に絶対平和社会になってしまうのだ。平和憲法すら不要である。

そして、その平和社会は極小のものとなるだろう。クマムシの体長は50ミクロンから1.7ミリ。微生物なのだ。

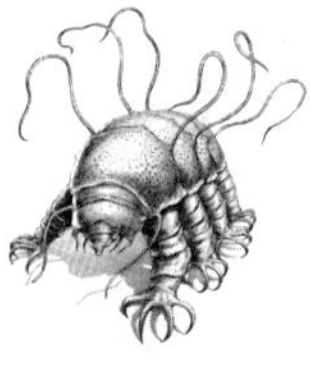

［ クマムシ ］

体長50ミクロン〜1.7ミリほど。有機物や植物細胞の細胞液を吸って生きる。地球上のあらゆる地域に生息し、主には水辺、苔の中、地中に多く棲む。水分を体から追い出し、タン状態と呼ばれる一種の仮死状態になり、さまざまな負荷に耐える事ができる。脱皮を繰り返して成長し、雌は抜け殻に卵を産み付け、雄がそれを受精させるが、体内受精をする種も、雌雄同体の種もいる。

## 軍用魚貝類？

# 装甲巻き貝

**"ウロコフネタマガイ"と命名**

"ウロコ"部分は硫化鉄でできており磁石を近づけるとくっつく。
新江ノ島水族館で標本が拝める。

2003年、インド洋の「かいれいフィールド」と呼ばれる地点で、全身が鉄板で装甲された新種の巻き貝が見つかった。巻き貝は身がウロコ状の板で覆《おお》われており、ＤＮＡ鑑定によると比較的最近この形態に進化したらしい。

「かいれいフィールド」は深海2500メートルの強大な気圧と極寒の温度で、しかも海底からは、マグマ熱で350℃に熱せられ、有毒の硫化水素をも含んだ熱水の黒煙「ブラックスモーカー」が火山のように噴き出ているという地獄のような場所だ。

だが驚くなかれ、ここには“オハラエビ”だの“ユノハナガニ”といった、いい湯だな的ネーミングの生物が、驚くほどの数で密生している。

実はここには、硫化水素を酸化してエネルギーを得るバクテリアが多く生息し、彼等はこのバクテリアを食料としているのである。温度も高いし食料は豊富、一見地獄のようなこの場所は、これらの生物にとってはビバノンノンなオアシスでもあるのだ。

しかし、こういう環境下でこの巻き貝は己《おの》が身を装甲しているのである。何故《なぜ》だ？　なぜこんな極楽温泉のような場所で装甲を？

バクテリアを食うおとなしい生物の他に、人類にまだ知られていない、**装甲でもないと対抗できない、恐怖の外敵**が黒煙の中に潜んでいるとでもいうのだろうか…？

掛け値なしのオアシスなどはやはり存在しないのかもしれない。

［ 装甲巻き貝 ］（ウロコフネタマガイ）

体長5センチ。硫化鉄の鎧で覆われた多細胞生物の発見は初めてである。2003年にアメリカとスウェーデンの科学者が「サイエンス」誌上で発表した。普通、貝の殻は乾燥防止や体表保護のためにあるが、この鎧は捕食性の生物からの防御の目的で発達したと分析されている。

身《み》悶《もだ》えは何を訴える

# ヤマトメリベ

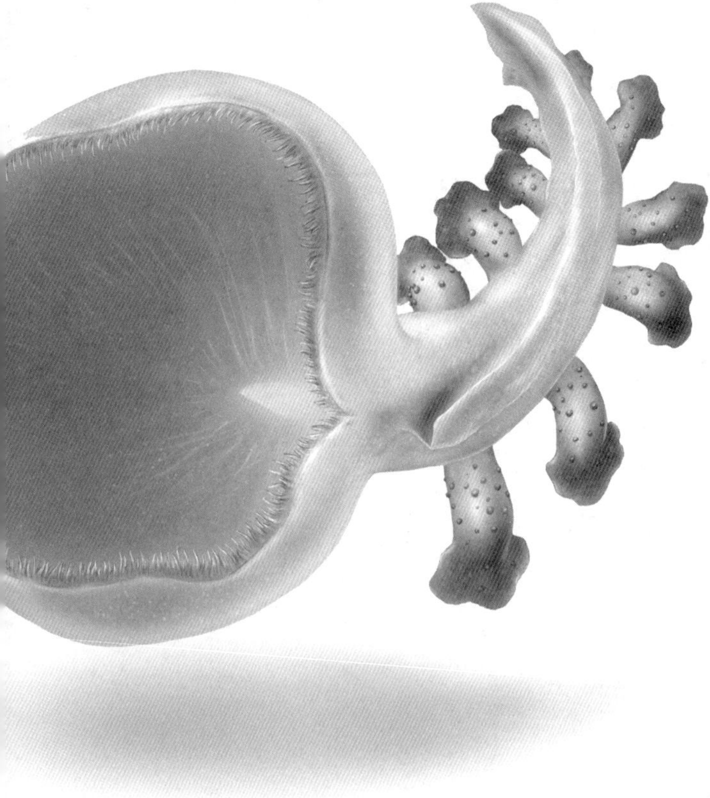

**意味不明に踊りまくる**

左が頭部である。どでかい捕虫網を広げて
プランクトンを捕るが、弱ると水圧に負けてしまい、
捕虫網を閉じる途中で裏返ってしまう。

このあまりに特異な形態は、やばいクスリをキメたときの幻覚のようにも思えるが、ちゃんと実在するウミウシの希少種である。

頭部はプランクトンや小エビを捕獲する捕虫網と化しているが、体に比べありえない大きさだ。そしてウミウシなら身分相応に海底にへばりついていればよいものを、何故か海中でぐにゃらぐにゃらと**身悶え**しつつ、意味不明の**暗黒舞踏**を踊っている。

プランクトン類などが、うっかりそのバカでかい口に入らば、口のヘリをチャックのようにとじ合わせ、**かしわもち**のような形となってエサを漉《こ》し取る。また、ほふくして捕虫網を覆い被《かぶ》せ、ザルを伏せたようなぺったんこの形になって小エビなどを漁《あさ》るかと思うと、捕虫網を片側から巻きこんで、口中のエサをだましだまし追いこんでいったりもする。捕食に関しては数々のワザを持っているが、いずれのやり方もどうにも隠微《いんび》である。そして食ったものは背中の肛門から排泄《はいせつ》する。

手でつかむと強いグレープフルーツの匂《にお》いがするというが、何故だかさっぱりわからない。この生きものが見つかるのは極めてまれで、飼育記録も最長94日と短い。飼育していると理由もわからず頓死《とんし》してしまうのだ。当然、匂いの謎《なぞ》も解明されていない。

[ ヤマトメリベ ]

体長50センチ。ウミウシの仲間だが、捕獲例も世界で30数個体と、極めて少ない。非常に脆い体で、海中で身をくねらせ浮遊している。頭巾状の頭部でプランクトンや小型甲殻類を捕獲してエサにする。産卵すると150粒ほどの卵殻（らんかく）が数珠（じゅず）繋ぎになった卵塊ができる。

裸でも象でもクラゲでもない

# ハダカゾウクラゲ

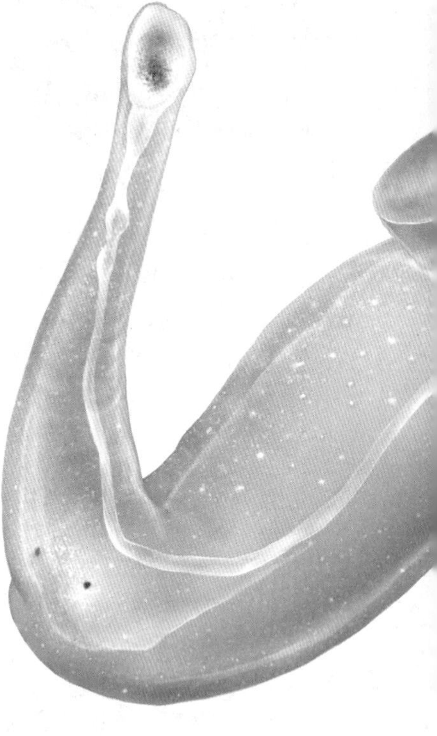

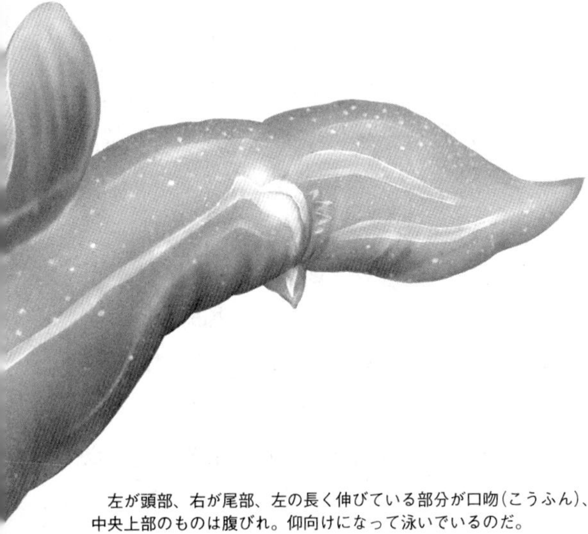

左が頭部、右が尾部、左の長く伸びている部分が口吻(こうふん)、中央上部のものは腹びれ。仰向けになって泳いでいるのだ。

「ハダカ」で「ゾウ」で「クラゲ」、しかしてその実体は「巻き貝」であるという。まったく訳がわからない。

巻き貝といっても、貝殻はすでに退化してしまっている。獲物を追うときや敵から逃れるときは仕方なしに泳ぐが、普段は透明なゼラチン質の体で敵を欺《あざむ》きつつ、ひねもすのたりと海中を浮遊している。

だが、透明といっても完全ではない。

かのH・G・ウエルズの「透明人間」では、科学者が透明薬を飲んだはいいが、眼球や神経繊維だけが消えずに大弱りというくだりがある。ハダカゾウクラゲも透明といえど、消化管、内臓、神経などは透け透け、食いものが消化される様子も外から丸見えだ。そのあからさまに見える内臓を魚にパクリとやられたりするので、透明化も本末転倒ともいえる。

一応、敵に対して内臓を小さく見せる角度を工夫するなど、**それなりの努力**はしているらしいが、クラゲ類をエサにしているウミガメやマグロにとっては効果はほとんどない。

しかし近年、そのウミガメが死ぬことが非常に多くなってきている。ハダカゾウクラゲの祟《たた》りではない。エサと間違えてレジ袋を飲みこみ、内臓をつまらせて悶死《もんし》するのだ。

ハダカゾウクラゲだけが、海岸のバーベキュー大会を歓迎する、唯一《ゆいいつ》の生物だろう。

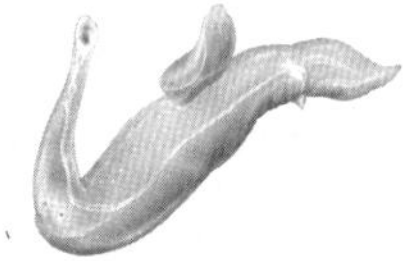

**[ ハダカゾウクラゲ ]**

体長30センチ。熱帯から亜熱帯にかけて、また太平洋の黒潮流域に分布する。サルパやウミタルなどをエサにする浮遊性の巻き貝の一種。幼生のころは殻があるが成長すると退化する。刺激を受けると長い口吻（こうふん）を腹に折り畳んでしまう。

# 血の風船《ブラッド・バルーン》
# ヒメダニ

before

通常状態のヒメダニ

**after**

**満腹状態のヒメダニ**

バルンガではない。
血を腹一杯吸うと、このような愉快な姿に膨れあがってしまうのだ。

この吸血性のダニは、砂中に潜り、獲物を待つ。じっと待つ。何ヶ月も、時には一年以上も、ただ忍の一文字をもってしてひたすら待つ。

ようやく待ちに待った動物の接近を、その振動で感知すると、ヒメダニはゾンビのごとく地中から這《は》いだす。そして熱と二酸化炭素で獲物の位置を特定し、気づかれないように近づく。

かぎ爪《づめ》で足からよじ登ると、はやる心を抑えつつ皮膚の柔らかい部分に鋭い口先を突き刺す。同時にそこから一種の麻酔が注入されるため、獲物は気が付かず平和に草など食《は》んでいる。

そしてようやく、心おきなく温かく栄養満点の血を吸えるわけだが、何しろ気が遠くなるほど辛抱に辛抱を重ねてきたのだ。親の仇《かたき》とばかりに吸って吸って吸いまくる。そして体は際限もなくふくれあがり、しまいには「血の風船」と化してしまい、転げ落ちてしまう。

そしてこの血の欲望を満たすと、再び地中に潜り、暗闇《くらやみ》の中、真っ赤な血に思いを馳《は》せながら次の獲物を待ち伏せるのだ。

ヒメダニは血を吸うだけでなくダニ回帰熱を媒介する。感染すると嘔吐《おうと》、頭痛、吐き気に襲われ、何度となく高熱に見舞われる。また**肛門に寄生して痔《じ》に間違われる**こともあるという。

まさに「ダニ野郎」の名に恥じない生態であるが、ダニは非常に環境に影響されやすいため、環境汚染の指標生物になるともいわれる。

［ ヒメダニ ］

アフリカ、アメリカ大陸の自然環境下に生息する軟ダニ。ダニは昆虫ではなく、クモ綱ダニ目に属し、マダニ類（Hard Tick）とヒメダニ類（Soft Tick）に分けられる。ここではヒメダニはOrnithodoros属の総称として扱っている。マダニにある背甲板がなく、振動で獲物の接近を感知する。

## 静止した時の中で

# ナガヅエエソ

**海底に立つ三脚**

静止した闇に立つようなその姿からは、「孤高の哲学者」という言葉も浮かぶが、
アヒル顔なところが少々難である。餌をとる時はこの口が大きく開く。

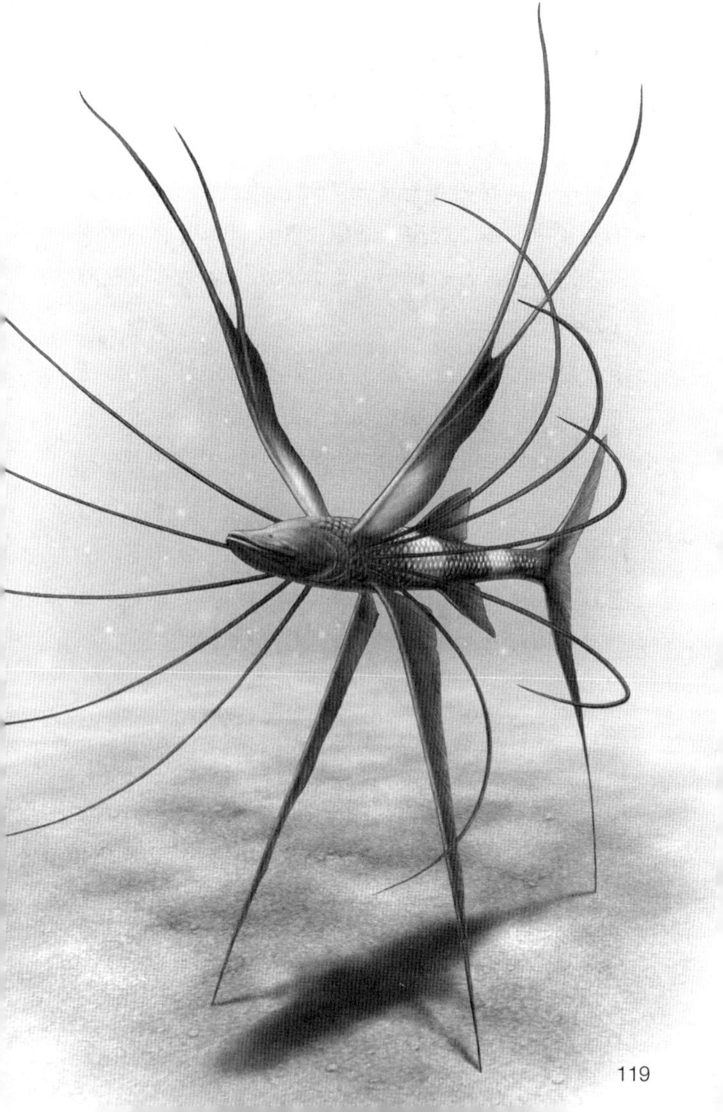

ナガヅエエソは別名「三脚魚」と呼ばれている。異様なまでに伸びた腹びれと尾びれで、三脚のように海底にじっと立つのである。

ナガヅエエソの生息するのは深度600メートルから1000メートルの深海。暗闇の死の世界といってもよい。こういった環境で生きるため、ナガヅエエソはなるべく動かず、エネルギーを温存する戦略をとった。だが、動かないだけではエサもとれない。そこでナガヅエエソの胸びれは触覚センサーへと進化し、それを放射状に開いて、流れてくるエサを感知できるような機能を持つに至った。つまり自分自身が、有機的パラボラアンテナと化したのである。

そしてそのアンテナは深海の底に静かに立ち、エサが流れてくるのを待つ。とにかく待つ。ひたすら待つ。獲物を追うという路線を捨て去ったこの生物には、とにかく待つしか術《すべ》がないのだ。

死の世界に生きんがため、異様な姿形と成り果てたこの魚は、光もなく、音もなく、ただマリンスノーだけがしんしんと降りしきる漆黒の闇の中、寂寞《せきばく》たる荒野を前に言葉もなく立ち尽くすかのごとく、停止した無限の時間を、孤独に生きてゆくのである。

……と、この本にしては珍しく詩的に締められるかと思いきや、実はこの魚、魚のくせにほとんど泳げず、ちょっと流れが強いとコテンと**横倒し**になってしまうというから、最後はやっぱりマヌケなのであった。

［ ナガヅエエソ ］

体長26センチ。温帯、太平洋西部の熱帯、水深600〜1000メートルの深海に棲む。仔魚期は表層で暮らすが成長すると深海に降りてくる。神経の通った胸びれはセンサーの役目を果たし、これを広げ頭を海流に向けてエサが流れてくるのを待つ。エサは小型の甲殻類など。雌雄同体であるが、これはパートナーを滅多に見つけられない深海での、種保存のための適応と考えられている。

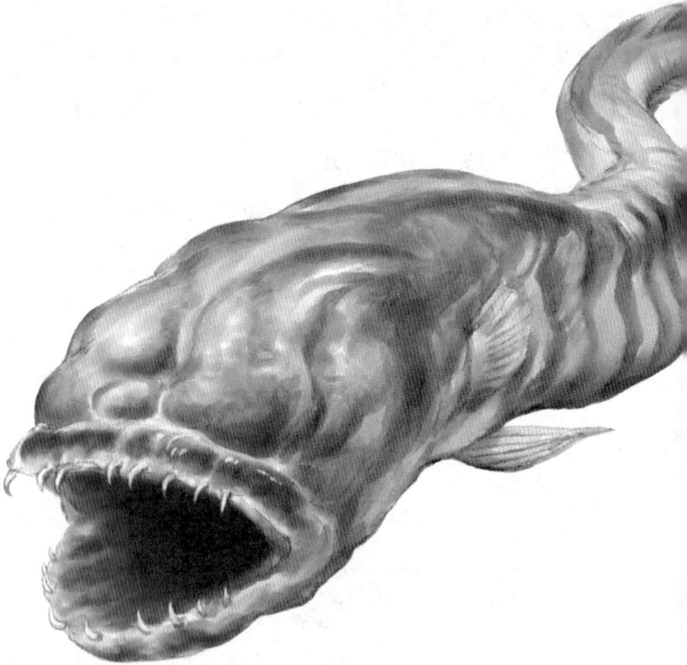

# エイリアンの干物
# ワラスボ

ペットにしたくないワラスボ

東西南北どこからみてもエイリアン(チェスト・バスター)である。刺身にしてもうまいそうだが…。

映画「エイリアン」のデザインはスイスの幻想画家H・R・ギーガーの作品から作られたそうだが、**嘘《うそ》っぱちである**。エイリアンの元ネタは有明海の珍魚、ワラスボだ。証拠も何もアナタ、この姿を見れば一目瞭然《りょうぜん》だろう。最近では「ハンニバル」「グラディエーター」などの大作を手がけ、不遜《ふそん》な態度にもさらに磨きのかかったとされる「エイリアン」の監督、リドリー・スコット氏には「スイマセンワラスボデーシタ」と申し開きをしていただきたい。

目も退化し、ウロコもないこの不気味な怪魚は、地元では干物にされ「珍味」と称してコンビニで普通に売られている。ビールのつまみに最高だそうだが、食って大丈夫なのだろうか。

ほろ酔い加減のお父さんの腹をにわかに食い破り**「ギシェー!!」**などと叫び、タンスの裏とかに逃げこみそうだ。そして天井裏で巨大化し、おばあちゃんをさらって繭《まゆ》にしたりするのである。

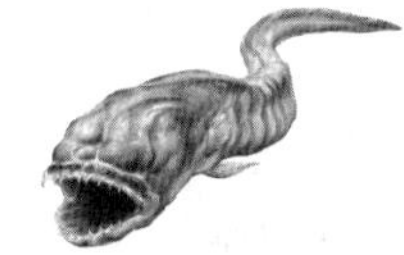

[ ワラスボ ]

体長30センチ。盲目のハゼの一種である。朝鮮半島、中国、日本の有明海に生息。軟泥にトンネルを掘って棲み、小魚、エビ、蟹などを捕食する。稚魚の間は目が見えるが、成長するに従って退化し、やがて盲目となる。

お父さんの腹から・・・

## 深海で笑う者

# オオグチボヤ

**学名も「大きな二つの唇」の意**

オオグチボヤの「口」は、酸素やプランクトンを取り込むホヤの入水孔が
異常発達してこのような形態になったと考えられている。
「リトル・ショップ・オブ・ホラーズ」の人食い植物にちょっと似ている。

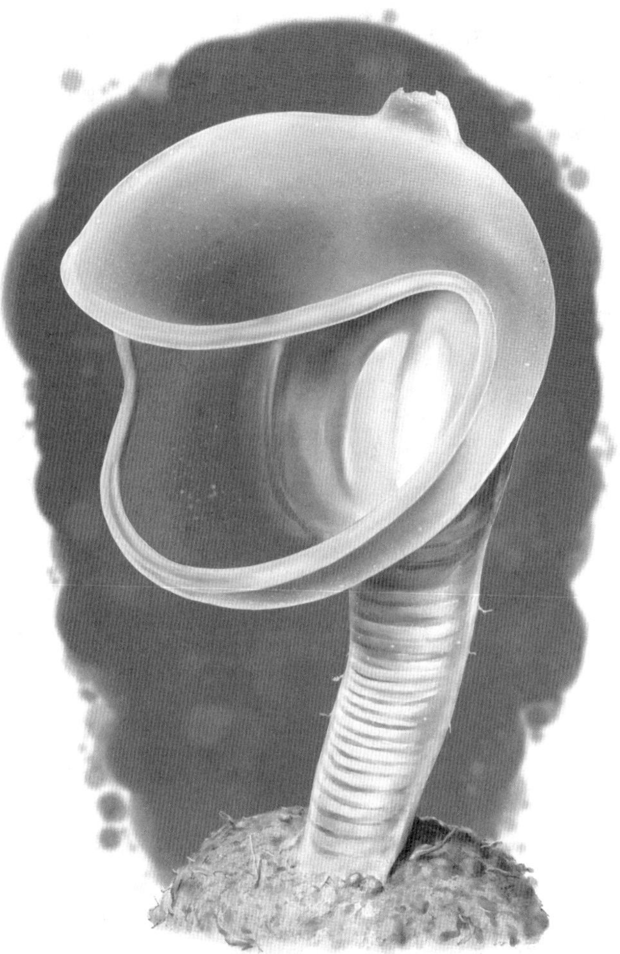

地面から口が生えて笑っている。実にナンセンスだ。筒井康隆の小説に出てきそうだが、ちゃんと実在するホヤの一種である。

**あからさまに怪しい外見**だが、その生態はというとやっぱり怪しい。大口を開けて待ち受け、小エビやプランクトンなどが無邪気に入りこむと、ガバッと口を閉じ、ゴックンと呑《の》み込んでしまうのだ。

このオオグチボヤの生態は謎《なぞ》が多かった。外見がばからしいので研究する気がしなかったわけではなく、オオグチボヤ自体がなかなか見つからなかったのだ。だが最近の深海探査艇の調査により、この奇妙な生物にも光が当たり始めている。日本でも富山湾で「しんかい2000」が多くの個体を採集した。

ホヤは我が国では食材でもある。新鮮なホヤとキュウリをあえた酢のものなどは、酒の肴《さかな》に最適の珍味だ。だがこのオオグチボヤが食えるかどうかはわからない。食えるとしてもこんな口だけの生きものを調理するというのもなかなかどうして気味が悪かろう。まな板で包丁を入れようとしていきなり、

**「わはははははははははは」**

と笑い出されたりしたら、板前もダッシュで逃げるだろう。

[ オオグチボヤ ]

体長13センチ、南極、南アメリカを含め、世界中に分布する。主に深海の峡谷に生息し、口のような入水孔にプランクトン類、エビやカニなどを海水と一緒に取り込み、鰓嚢（さいのう）と呼ばれるザル状の器官で漉し取ってエサとする。生態など不明な部分が多い。

## 真夜中の投網《とあみ》漁

# メダマグモ

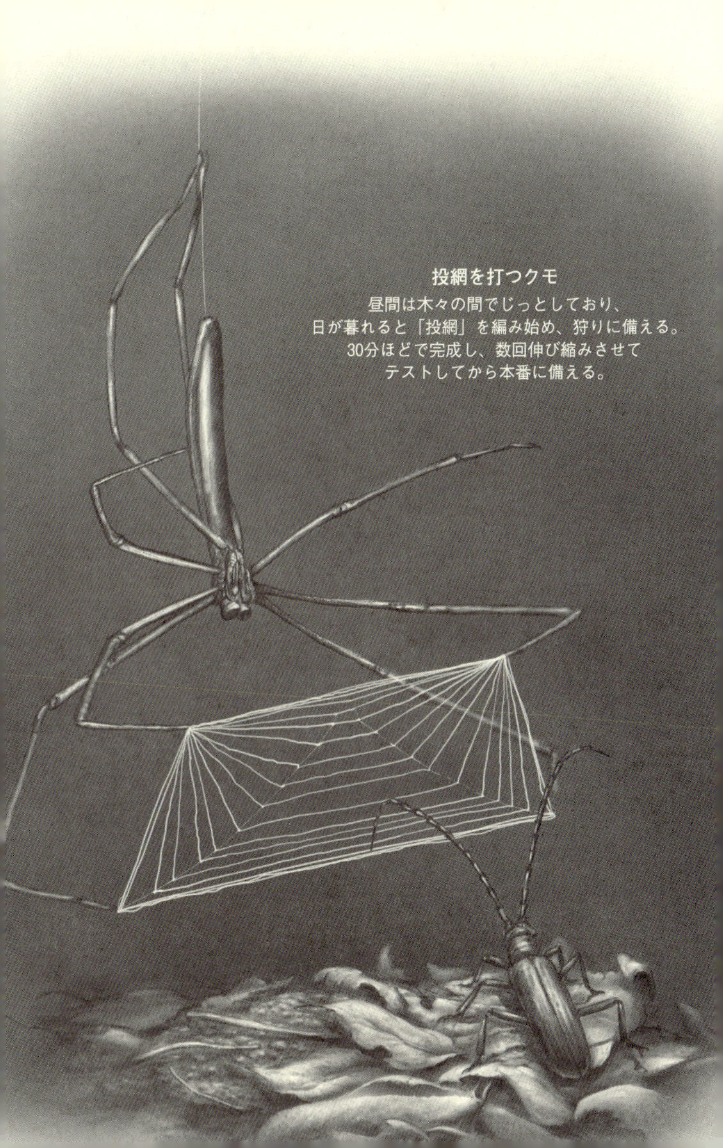

**投網を打つクモ**

昼間は木々の間でじっとしており、
日が暮れると「投網」を編み始め、狩りに備える。
30分ほどで完成し、数回伸び縮みさせて
テストしてから本番に備える。

アメリカの片田舎に現れる宇宙人のように巨大な単眼を持つ。その眼はレンズで言うとFナンバー0.58という強力な受光能力をもち、そのフクロウでもかなわぬ、暗視ゴーグルのような視覚で、闇夜《やみよ》の「投網《とあみ》」を打つのだ。

メダマグモは吊《つ》り下がった格好で、投網を構える。網の下には白い糞《ふん》で「ポイント」が打ってある。このポイントを通過した次の瞬間、獲物は小包のようにくるまれている。目印と単眼、そして投網はひとつのシステムとして動作する。

蜘蛛《くも》の糸の組成は、蛋白《たんぱく》質分子の連鎖で、その強度は同じ太さの**鋼鉄の約５倍**。そして伸縮率は

**ナイロンの2倍**。メダマグモの網も6倍もの大きさに伸張し、そして絶対に切れない。警察の網は突破できても、蜘蛛の網を突破することは不可能だ。

同じ分子構造を再現し、この驚異の物質を人工的に作る研究が続けられているが、いまだに実現しない。蜘蛛の糸は、それほど優れた自然界のハイテク合金繊維なのである。本当だったら、お釈迦《しやか》様の垂らした糸に、罪人が何人ぶら下がろうとも決して切れはしないのだが、そうなると罪人は、皆往生してしまって話にならない。蜘蛛の糸は科学的には強いが、文学的には弱くあっていいのだ。

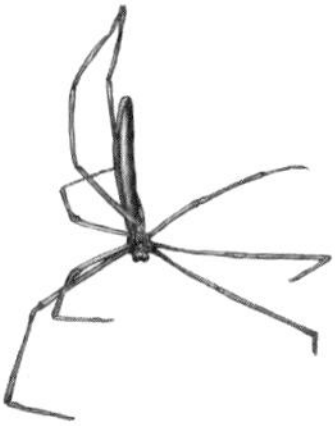

[ メダマグモ ]

体長2 ～ 2.5センチ。南アメリカ、アフリカ、オーストラリアの森林に棲む。昼間は樹木に紛れているが、夜に捕食行動を起こす。「投網」は切手ほどの大きさだが、最大6倍にも伸張する。メスの網はオスのそれより若干小さい。単眼の受光能力は猫やフクロウよりも優れている。

敵には毅然《きぜん》とした態度で

# コアリクイ

**穏やかな顔で威嚇**

敵に遭うと両手を広げて威嚇する。このポーズも自然界では有効なのである。

力もスピードも凶暴性も、歯さえもない哺乳類《ほにゅう》。主食はアリ。
エサがアリなどとはみじめな気もするが、意外に栄養は満点らしい。中国ではアリは精力増強の食材としても使われている。そんなものを主食にしているのだから、案外いろいろとスゴイのかもしれない。
とはいうものの、別に始終鼻息荒くしているわけではなく、性質はおとなしい。だがやるときはやる。敵に対しては毅然《きぜん》たる態度をとるぞ。裕次郎ばりに仁王立ち、両手も広げて相手を威嚇《いかく》だ！
でかいぞ！　こわいぞ！　危険だぞ！……と、本人はさかんにアピールしているようなのだが、その姿は**「イヤーンバカーン」**のポーズに見えてしまうのが残念なところだ。白地に黒ベストというファッションも、無意味にステキ。

だが、主食たるアリに対してだけは滅法強い。巧みに樹上を移動し、鋭敏な嗅覚《きゅうかく》でアリを追跡、蟻《あり》塚《づか》を見つけると前足で豪快にぶっ壊す。そして小蛇のような舌を使い、魔法のごとく器用にアリを舐《な》め取ってしまう。兵隊アリは玉砕覚悟で総攻撃をかけるがまったくどこ吹く風。刺されようが噛《か》まれようがいささかの痛痒《つうよう》も感じない。悪名高きあの軍隊アリにたかられても「別に」とでも言いたげだ。まったくアリ類にとっては悪魔のような存在である。

[ コアリクイ ]

体長50センチほど。中南米の森林で樹上生活を送る。貧歯目（ひんしもく）に属し、歯はまったくない。40センチも伸びる舌で大量のアリを舐め取って食べるが、餌を確保するため、アリの巣を全滅させる事はしない。通常は単独行動だが、母親は子供を３ヶ月間背負って暮らす。他の仲間にオオアリクイ、ヒメアリクイなどがいる。

## 妖《よう》女《じょ》で掃除婦のメデューサ

# オオイカリナマコ

奇怪なウミヘビ
触れるといきなり縮むが、全身が微細なイカリ型の骨片に覆われているため、手でつかむとからみついてくる。触れるとかぶれることもあるという。

**体長3メートルにも達するナマコ**である。

海蛇とよく間違われることもあり、沖縄でもイムパブ(海のハブ)と呼ばれている。

頭部の触手は、海底の砂を休みなく口へ運んでいる。切ない人生にわびしく砂を噛《か》んでいるわけではなく、砂の中に含まれる有機物やバクテリアを漉《こ》し取って食っているのだ。

体長が3メートルもありながら、そんな程度のエサでエネルギーをまかなえるのだろうかと疑問に思うが、ナマコのエネルギー代謝は哺乳類の100分の1程度と異常に低く、動きも鈍いため、エネルギー収支は成り立つのである。

そんなに鈍いならあっという間に捕食者の餌食《えじき》になりそうなものだが、食っても肉らしい肉はなく、しかもホロスリン系の毒が魚に働きかけるのでエサとしては敬遠されている。捕食者に対抗するのではなく、ひたすらお目こぼしにあずかるようにその身を進化させてきたのだ。

日頃はおとなしいが、繁殖期になると鎌首《かまくび》をもたげ、トランス状態のイタコのように激しく身悶《みもだ》えし、狂ったように頭を打ち振る。だが別に発狂したわけではなく、これが彼等の放精・放卵の様子なのだ。その異様な姿形からダイバーなどからも嫌われており、外国でも、髪が蛇と化したギリシャ神話の怪物「メデューサ」に例えられもする。

だが、人間が「海は美しいなァ」などといっていられるのも、これら異形の怪物がせっせと海を浄化しているおかげなのだ。

[ オオイカリナマコ ]
体長3メートル。直径5センチ。世界の熱帯水域に広く分布。生息域も波打ち際から深海までと幅広い。砂泥を取り込み、濾過して有機物をエサとしている。繁殖期はオスが精子を、メスが卵子を海中に放出する。奄美大島で4.5メートルのものが見つかったこともある。

出会いを大切にします

# ボウエンギョ

### 攻殻機動隊のキャラクターではない

西伊豆には深海魚のネタを出す寿司屋があるが、ボウエンギョはないようである。

身も凍るほど冷たく、酸素も食料も乏しく、光もほとんど差しこまぬ暗黒の世界、深海。

そんな陰気な場所にも数十万種の生物がいるといわれているが、ボウエンギョもその仲間である。

深海では、他の生物と行き交うこともまれである。ツンドラ地帯に左遷《させん》され、一人暮らしするようなものだ。だから深海魚は、出会いというものを大切にしている。ごくたまに相手に出会うと一生懸命追いかけていき、挨拶《あいさつ》もそこそこに丸呑《の》みにする。逃げられては困るので、呆《あき》れるほど口を馬鹿《ばか》でかくしたり、自分よりでかい獲物も呑みこめるような胃袋を持ったり、さまざまな芸も磨いてきている。

このボウエンギョは、出会った生物を絶対に見逃さないよう、視覚に対し強力な淘汰《とうた》が働いた結果、このような**サイバーパンク**な姿になったのであろう。そしてこいつも自分と同サイズの魚も丸呑みにできる。暗い暗い海の奥底では、このような物いわぬ珍妙な姿形の連中が蠢《うごめ》いているのである。

2002年、オーストラリア沖で、未知の深海魚が**500種以上**も網にかかったが、その姿はどれもこれもデーモン族のようで見る者をびびらせた。

地球の無意識ともいえる、自然界の深奥《しんおう》、深海。そこは外宇宙同様の、未知の世界である。大金をかけて火星に宇宙船を送るより、深海に探査艇を送った方がよほど面白そうだ。深海には未知の生物がゴマンといるだろうが、火星にはタコがいるだけだ。

［ ボウエンギョ ］

体長5～10センチ。インド洋北部、大西洋の深海に生息。仔魚時代は表層で暮らすが、成長し、著しく変態すると深海に降りてくるようになる。顎（あご）が軟骨化して、自分より大きな獲物も呑み込める。可倒式の針状の歯が生えており、獲物を逃がさない。

危ない海の宝石

# アミガサクラゲ

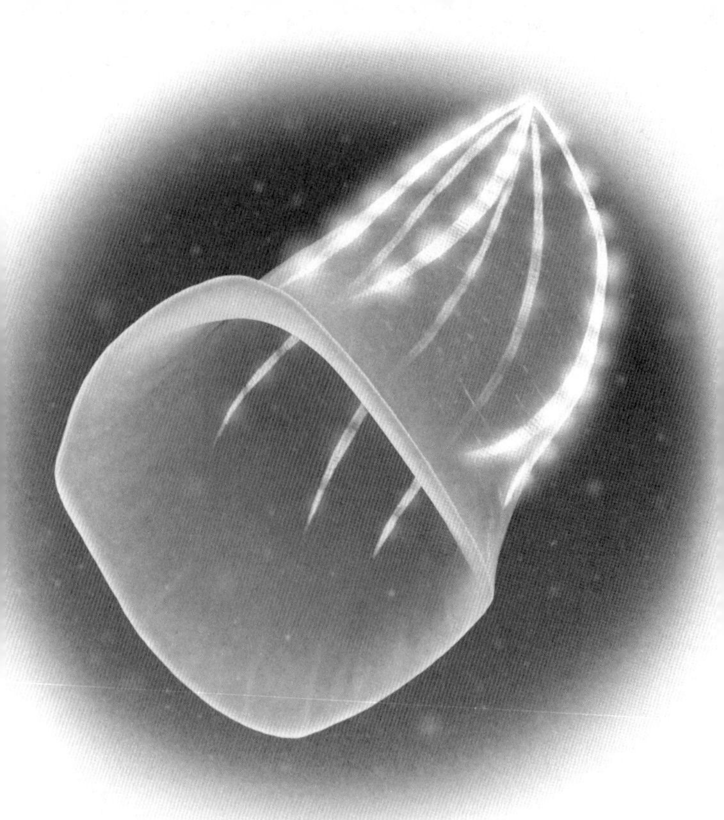

**発光しながら獲物を追うアミガサクラゲ**

この発光はホタルのような生物発光ではなく、光の散乱であることはわかっているが、なぜ光るかは解明されていない。敵を攪乱するためとの説もあるが定かではない。

厳密にはクラゲではない。「クシクラゲ類」という生物の仲間で、クシの歯のように生えた繊毛《せんもう》を、エイのように微細に波打たせて遊泳する。その際、繊毛は目もあやな虹《にじ》色に光るのだ。ネオンのように移り変わるそのさまは幻想的で、「ビーナスのガードル」ともいわれる。この官能的な輝きこそクシクラゲ類が「海の宝石」と評される所以《ゆえん》である。

しかしクシクラゲ類の仲間、アミガサクラゲは、そんな名誉称号も我関せずとばかり、エサと見ると遠慮のない大口を開けて迫ってゆく……がこいつの場合、口がでかいというより、もはや体全体が口である。口が泳いでいるようなものだ。そして自分の二倍もある獲物も平気で丸呑みにするが、**その獲**

**物とは仲間のクシクラゲ類なのだ。**

獲物を呑みこむとヒョウタンのように膨れあがり、しかも体内の獲物は透け透け。ひょうきんだかグロテスクだかわからぬ珍妙極まりない格好だが、体表は美しく官能的に輝くレインボー……。美しいのか？　笑うべきなのか？　判断に苦しむ。

こんな姿を見ると「海の宝石」にウットリしていた気分も一気に白けてしまい、美しい輝きもパチンコ屋のネオンに思えてくる。

しかもこいつら、意味もなく大量発生し、平和な海の生態系を大崩壊させたりする、ろくでもない存在でもあるのだ。

[ アミガサクラゲ ]

体長5センチ。約90種いる有櫛（ゆうしつ）動物門の一種。クラゲとは異なる。世界中の海域、熱帯から極域、表層から深海まで幅広く分布する。クシクラゲ類はすべて肉食でプランクトン、稚魚などを食う。体表にある8列の櫛板と呼ばれる繊毛が虹色に光るのが特徴。近年、大量発生による環境への「負のインパクト」が問題視されている。

進化論をひと刺し

# アカエラミノウミウシ

**背面のしなやかなミノで敵を撃退**

アカエラミノウミウシの胃と背の突起（ミノ）は特殊な管で結ばれ、動く繊毛が刺胞を安全に運搬する。

ミノウミウシ類は、ヒドロ虫などの毒を持つ刺胞《しほう》動物《どうぶつ》をものともせずに食いちぎるばかりか、その有毒の刺細胞《しさいぼう》を体内に取り込み、背中の突起に搬送して**己の防御兵器にしてしまう**。戦車や戦闘機を食って砲塔やミサイルだけを自分の武器にしてしまうようなもので、軟体動物の芸当とは思えない。

こういった事例はダーウィン進化論への攻撃材料となってきた。

ミノウミウシの場合、毒への耐性、毒物の体内搬送、突起の先端の機構など、すべての仕組みが同時に完成されており、全体がシステムとして機能しないと毒で自分が死んでしまう。相手の毒物を利用するような高度な仕組みが、何の設計もなしに自然淘汰を経て完成されるのは不可能だ、との主張である。
だがダーウィン論者は、どんなに未発達の機構でも、それが生存に１％でも有利に働く限り、こういった複雑なシステムが徐々に進化し、発達することはあり得る、と説く。いまだに結論は出ていない。
しかし、この高度な防衛機構を備えたアカエラミノウミウシが海底を悠然とのたくっていると、ウミウシ界のワルキューレ、ウミフクロウの素早い襲撃に、威嚇《いかく》する間もあらばこそ、あっさりと食われてしまったりする。
完全無欠の防衛兵器などありはしない。そして軍拡に終わりがないのは、動物も人間も同じだ。

［ アカエラミノウミウシ ］
体長３センチ。ミノウミウシ類は温帯の岩礁域に生息し、その多くが上記の刺胞による防衛機構を持っている。刺胞を持つヒドロ虫、イソギンチャクなどをエサにする。アカエラミノウミウシは日本の特産種で、分布は本州から九州にかけて。雌雄同体。

## 進化論の目の上のコブ
# ヨツコブツノゼミ

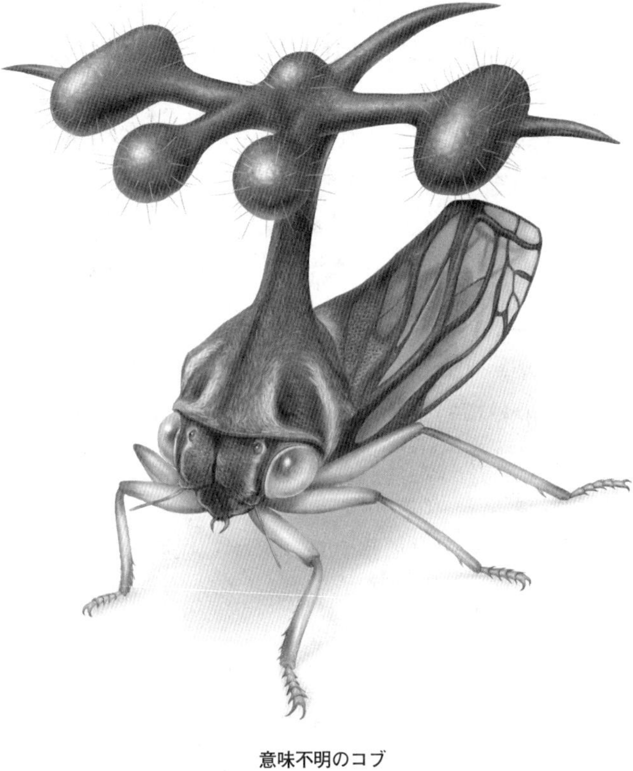

**意味不明のコブ**

いかにもしんどそうだが、これで平気で飛んだりするのだ。
他のツノゼミ類も実にさまざまな形態でその奇天烈さを競っており、
その種類は2000を超えるという。

ツノゼミ類の形態には、異様なものが多い。虫けらのくせに現代美術に傾倒しているようだ。

ツノゼミの一種、ヨツコブツノゼミも、**草間彌生《くさまやよい》の作品です**と言われれば、そうですかと納得してしまいそうだ。

このコブ状物体は、何のためにあるのか。悪目立ちするばかりで擬態にもなっていない。栄養が詰まっている訳でもない。飛行時の安定板という説は物理学者が怒りそうだ。雌をひきつけるわけでもない。というわけで**今もって全く解明されていない**。

でかく、重たく、目立つこんな構造物は、ツノゼミにとっては、生存上明らかに不利に働くはずだ。従来のダーウィン進化論で行くと、漸進《ぜんしん》的な進化を遂げた生物の機能は必ず合目的的で、こんな無駄なものなどはないはずだ。だがこのツノゼミのばかげた装飾は、そんな理屈を笑い倒しているように見える。そしてお決まりのダーウィン主義者vs創造論者の引っかきあいが始まるのである。

自然淘汰の帰結にしろ、創造者の設計にしろ、この造形は「こんなんやってみたりしち」(©谷岡ヤスジ)という具合にテキトーに作られたわけではなかろう。必ずや何らかの意味があるはずだ。

時間はかかるかもしれないが、人類の英知は必ずやこの自然界の謎《なぞ》を解き明かすに違いない。それまでに絶滅しなければよいが。

ツノゼミの話ではない。人類の話である。

[ ヨツコブツノゼミ ]

体長1センチ弱。熱帯地方の森林に生息する。草の汁などを吸い、しばしば群生する。体節の胸部第一節のみが異常に発達しているが理由は未だによくわかっていない。
進化論については、近年には構造主義進化論、断続平衡説といった新たな潮流も出てきている。

## 進化論議のネタより寿司《すし》ネタ

# コウイカ

### コウイカの狩り

獲物の捕獲率はほぼ100%。
海底の忍者でありハンターである。
色素配列を変え、瞬時に体の色や模様を変える。
擬態や仲間との意思疎通だといわれている。

コウイカは、体色をネオンのように瞬時に変幻させて姿を消し、敵を驚かせ、仲間と「会話」する。

海中を自在に飛び回り、鋭敏な視力で獲物を狙《ねら》い、死角から忍び寄ると触腕《しよくわん》をミサイルのように発射して捕獲。逃げるときは墨の煙幕。まるで何者かに巧妙に設計されたような、精密機械のごときコウイカを見ると、つい「天上の創造主」というファンタスティックな空想に思いを馳《は》せてしまう。

思いを馳せるだけでは飽きたらず、数年前にアメリカ・カンザス州では、教育カリキュラムから**「進化論」の項目を削除**するという「改定案」が通過した。ブッシュ大統領の支持層かどうかは知らないが、アメリカには創造主を否定する理論に不快感を持つ人は多くいるらしい。

メディアは「創造論の勝利」と報じた。テクノロジーは進歩すれど、人間の精神は容易に変わらないものらしい。世界はガリレオ・ガリレイ以前に逆戻りを始めた……と言ったら言い過ぎであろうか。

しかし、ま、我々日本人にはそんなことより気がかりなのはコウイカの旬《しゆん》。冬から春にかけて、その身厚く柔らかく、旨味《うまみ》もたっぷり。天ぷらもよければ寿司もよし。

上物を肴《さかな》に熱燗《あつかん》で一杯があれば、もう何にもいりませんし、難しいことも何にも考えません。

[ コウイカ ]

外套長（がいとうちょう）最大18センチ。全世界の海に分布する。砂泥質の海底近くに棲み、魚や甲殻類を捕食する。体の中に石灰質の「甲」を持ち、この部分で浮力を調整している。春から夏にかけて沿岸近くの海藻などに産卵。寿命は約1年。

ポール牧攻撃

# テッポウエビ

**テッポウエビの音の秘密**

片方のハサミだけが大きく発達している。
はさみには凸部と凹部があり、そこを打ちつけてパチッという大きな音を出す。

音波兵器を持つエビである。

音波兵器といっても、細川ふみえの「だっこしてチョ」などといった曲を大音量で流し、付近の魚貝類を死滅させるといった大量破壊兵器ではない。

ハサミの片方は攻撃用に発達しており、そのハサミを打ちつけることで、強力な破裂音を発するのだ。夜店で「ぱっちんエビ」と称して売られてしまうほど、人間にしてみれば他愛ない音であるが、海底で静かに暮らす小エビや小魚などの小市民にとっては、目前で炸裂《さくれつ》するダイナマイトにも匹敵する衝撃波だ。至近距離で喰らえば、小魚などは簡単に失神し、その場にぷかりと浮いてしまう。

「びっくりして気絶したおさかな」などと言えば、ほほえましい情景といえなくもないが、意識不明となった小魚はそのまま巣穴へ拉致《らち》され、頭からむしゃむしゃと食われてしまうのだ。

同じ指ぱっちんでも、ポール牧のそれとはかけ離れた、**衝撃と恐怖の指ぱっちん**なのだ。

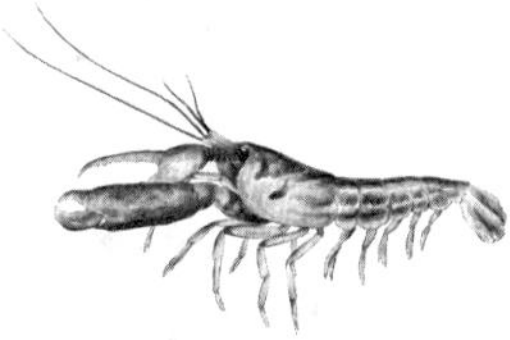

［ テッポウエビ ］

テッポウエビの仲間は種類が多く、海底の砂地、珊瑚礁など、すみかもさまざまである。巣穴からはあまり離れず、衝撃音で小魚や小エビを捕らえて食べる。

エビハゼ安全保障条約

# テッポウエビとハゼ

**稚魚、稚エビの頃から続く、テッポウエビとハゼの共生**

ハゼはエビの触角に触れ、盲導犬のように誘導する。
敵が来るとハゼは尾を振って警告し、2匹とも巣穴に逃げ込む。
エビの攻撃時にはさすがに距離を置くようだ。

強力な音波兵器を持つテッポウエビだが、実は目が弱い。メガネを落とした横山やすしよりさらに弱い。つまりほとんど見えないのだ。外界での行動は実に危険である。その弱点をカバーするためテッポウエビは**ハゼと協定を結んでいる**。

エビが移動するときはハゼが付き添い、リードする。そして敵が近づくと尾を振ってエビに警戒を促し、一緒に巣穴に待避する。その代わりエビは巣穴にハゼを下宿させてやるのだ。エビの中には念入りにハゼ2匹と協定し、別の1匹には上空を旋回させて警戒にあたらせるという、さらに厳重な高度警戒態勢をとっているものもいる。お互いの長所を見事に生かした完璧《かんぺき》な連携プレーである。

それにしても**こういう取り決めがいかになされたのであろうか**。ハゼとエビがスタバで打ち合わせでもしたのだろうか。エビの触角は常にハゼに触れているし、いくら共生とはいえ仲が良すぎる気もする。「女性自身」なら「種を越えた愛!!」などと絶叫調の見出しをつけたくなるかもしれないが、あいにく彼女たちの好きな肉体関係はない。

[ ニシキテッポウエビとダテハゼ ]

テッポウエビとハゼの共生で最も有名なのが、ニシキテッポウエビとダテハゼの共生である。エビの触角は常にハゼに触れており、ハゼの動きを察知する。エビの巣穴の維持にはハゼは関与しない。高度警戒の役には、優美なハナハゼがよく見られる。このパートナーシップは、ハゼが繁殖期で巣を離れる際、またはエビの雄雌が巣でつがう時は一時的に解消される。

実在した平面ガエル

# コモリガエル

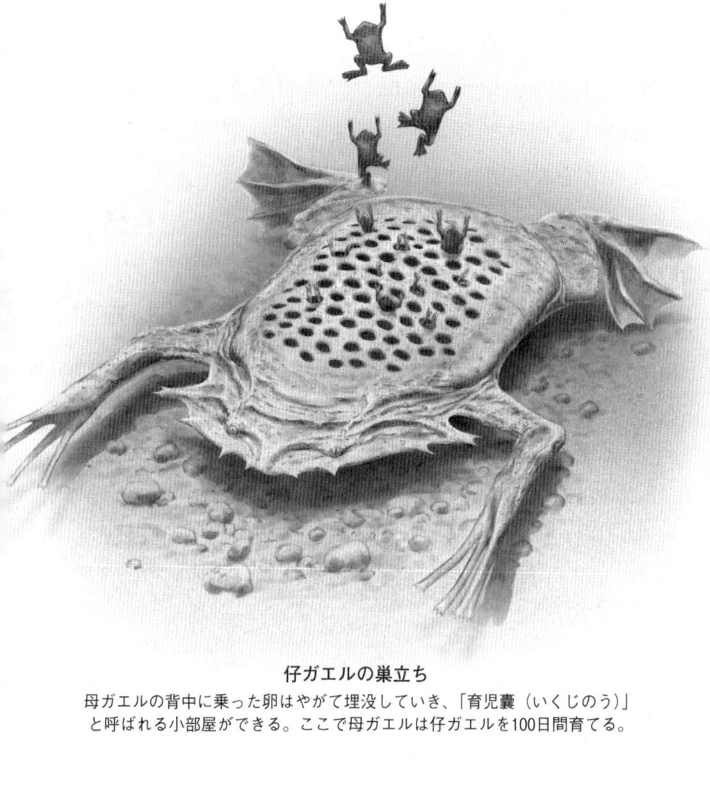

**仔ガエルの巣立ち**

母ガエルの背中に乗った卵はやがて埋没していき、「育児嚢（いくじのう）」と呼ばれる小部屋ができる。ここで母ガエルは仔ガエルを100日間育てる。

♪殿様ガエル・アマガエル　カエルにいろいろあるけれど　こっのっ世〜で一匹ィ！

……実在する平面ガエルは、ピョン吉ではなくコモリガエル。シャツに貼《は》りつき言葉をしゃべり、おまけにド根性で寿司《すし》好き、という設定にも負けない奇妙さを持ったカエルだ。

コモリガエルのオスとメスは後背位で**抱き合ったまま水中で宙返り**して交接する。その大回転の頂点でメスは卵を産みオスが放精、**落下した卵をメスは背中でキャッチ**する。中国雑技団のようなアクロバティックでスリリングな交接だ。

メスが背中でキャッチしたたくさんの卵を、オスは腹で押しつけて定着させる。タコヤキのように背中に並んだ卵はやがて皮膚に沈んでいき、母ガエルの背中には無数の育児室ができる。

卵はその育児室で孵《かえ》り、生まれた子供たちはそれから100日の間、育児室で大切に育てられる。常時おんぶされているようなもので、子供は全く安全だ。そしてときが来ると、子供たちは母に別れを告げ、背中から外界へ飛び出していくのだ。

こんなに丁寧な子育てをする生きものは、滅多にない。両生類とはいえ、その母心には我々も打たれてしまう。

ピョン吉はド根性だけど、お母さんはド愛情だね！　コモリガエルのお母さん、本当にごくろうさまでした！　うわっ！　こっちくんじゃねえ！　気持ちわりいなあもう!!

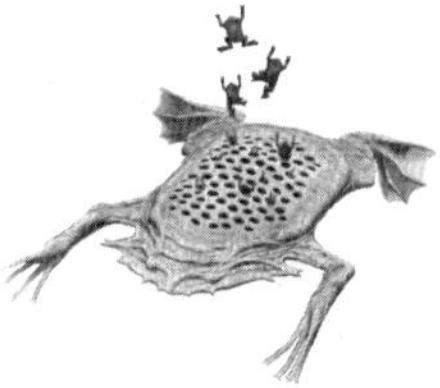

[ コモリガエル ]

別名ピパピパ。体長最大20センチ。南アメリカ北部の川、沼に棲む。前足の先に獲物を探知するセンサーがついており、これに獲物が触れると瞬間的に口の中へ入れる。主に昆虫、小魚を食べる。メスが子供を卵のときから背中で育てる。

素敵なナイトライフの演出に・・・

# ウミホタル

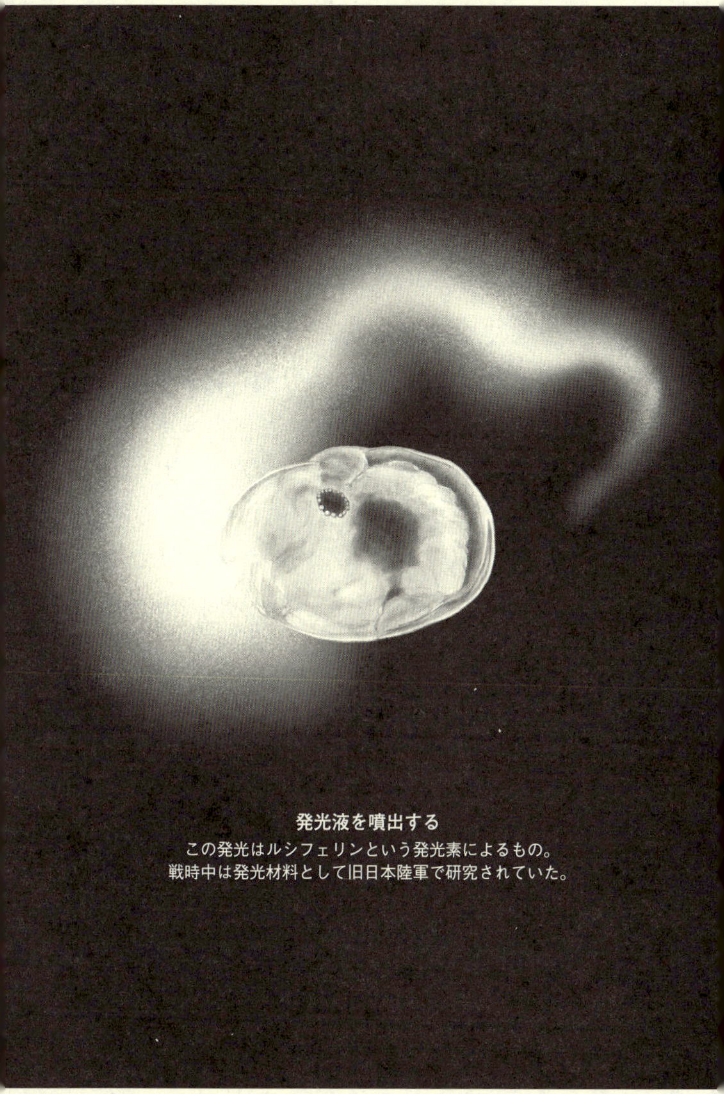

**発光液を噴出する**

この発光はルシフェリンという発光素によるもの。
戦時中は発光材料として旧日本陸軍で研究されていた。

米粒ほどの甲殻類で、刺激に反応し、非常に美しく鮮やかな青色の蛍光液を出す。敵を驚かす自己防衛手段であるといわれているが、目的はともかく、そのロマンチックな光の乱舞は、多くの女性をトリコじかけにしてやまない。

そこで彼女をソノ気にさせるために青少年はオシャレ水族館などに女を連れて行く。「ウミホタルショー」なるものを二人で眺めるためだ。これはワイングラスに入れたウミホタルに曲に合わせて**電気ショック**を与え、ウミホタルが**ノリノリ**であるかのごとく景気よく光らせる一種の拷問《ごうもん》ショーである。ウットリする彼女の前で係の人に「この後このウミホタルはどうなるんですか」などと無粋なことを聞いてはいけない。そして彼女をそのまま小洒落《じやれ》たレストランにエスコート、カクテルで酔わせ、その後はもう説明の必要はなかろう。

しかし萌《も》え系アニメ美少女好きのコミュニケーション不全な青少年や、女子高生好きの中年が、滅多にないデートの機会にこういう真似《まね》をしてもムダである。小道具ばかり素敵でも、独り相撲に終わるのがオチだ。華麗な光の乱舞も、成仏《じょうぶつ》できない人魂《ひとだま》に見えてしまうであろう。

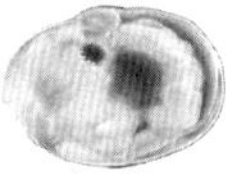

［ ウミホタル ］

体長3ミリほど。甲殻類でミジンコなどの仲間である。日本の太平洋岸に分布。鮮やかな色に発光するのは、魚などの外敵を驚かすためだといわれている。ゴカイ・イソメなどの生物を捕食。夜行性で昼間は砂に潜っている。
近年は環境汚染により生息域は狭められている。

雰囲気だけでは効果はない

## 海洋演芸大賞ホープ賞

# ミミックオクトパス

ミミックオクトパスの本体
発見当初は、生物保護の観点から
生息場所は明らかにされていなかったが、
最近はテレビなどでたびたび取り上げられてしまっている。

ウミヘビの真似

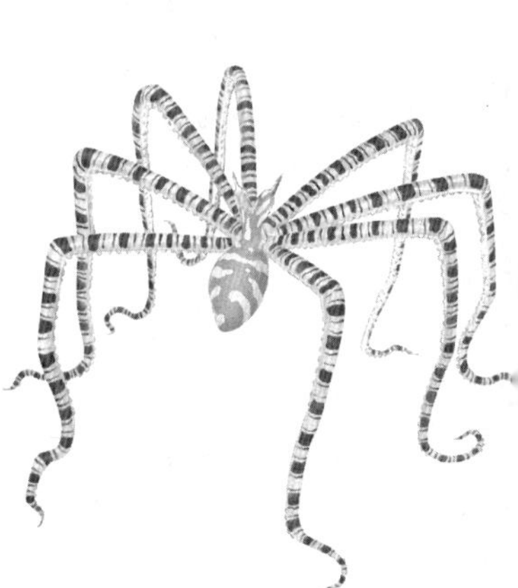

カニの真似

あるときは無害なイソギンチャク、あるときは危険な海蛇、そしてまたあるときは有毒なミノカサゴ…しかしてその実体は！　タコでーす。

近年発見されたばかりでまだ正式名称もなく、とりあえず「ミミックオクトパス（擬態たこ）」と呼ばれている。

擬態といえば、ナナフシが枝に似るように、体そのものが変化・変型して周囲に同化することをいうが、このタコは違う。**形態模写**をやるのだ。

ミミックオクトパスは、狩りの時は弱い生きものに化けて相手を騙《だま》し、また外敵相手には、有毒生物に化けるという具合に、状況に合わせて、蟹《かに》、エイ、海蛇、ミノカサゴなど、さまざまなものに化ける。「休憩中のタツノオトシゴ」「ゆらゆら浮かぶクラゲ」など凝ったネタもある。人間もその存在に長いこと気づかなかったほどの芸達者だ。

それにしても進化だけでこのような芸を身につけられるものなのだろうか？　このタコはあきらかに「客」に合わせて、その時に一番「ウケ」るネタをかましているのだ。

ミミックオクトパスの物真似のネタは**40種**を超えるといわれている。これだけあれば独演会も張れるだろう。一方、一発のギャグだけで生涯食っていく人間の芸人もいる。水棲《すいせい》無《む》脊椎《せきつい》動物に対して、霊長類ヒト科としてこれはいかがなものであろう。

そういえば人気だった物真似トリオ「トリオ・ザ・ミミック」は今どうしているのであろうか。

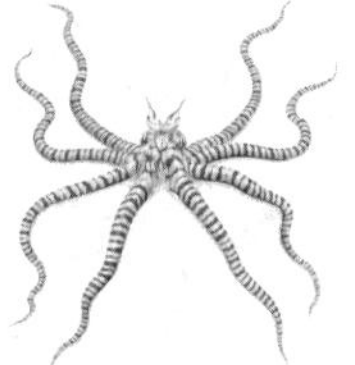

［ ミミックオクトパス ］

腕を広げた長さ40センチ。砂底域や砂泥底域に巣穴を掘って生活している。さまざまなものに次から次へと変身する。他のタコと同じく貝や甲殻類をエサとする。隠れ場所もない砂地での保身と捕食の必要から、このような技を身につけたという説もある。

## 捕獲記事の見出しは必ず「ガメラ発見」

# ワニガメ

**ワニガメの罠**

舌にある器官をくねくねと動かし、魚を誘う動作は「ルアーリング」と呼ばれる。
歯はないので獲物を捕らえると引き裂くか丸呑みにする。

体長１メートル以上、体重は180キロを超える肉食の巨大亀《がめ》だが、その狩りの手段は巨体に似合わず姑息《こそく》かつ狡猾《こうかつ》だ。水底に身を潜め、大口を開けて、細い舌をミミズのようにくねらせる。

その巧みな動きに魚が近寄ると、バネが弾《はじ》けるように顎《あご》を閉じ、くわえた魚をひと呑《の》みにするか、脚で紙のごとく裂いてしまう。この怪獣のような馬鹿《ばか》力からか、ガメラのモデルだといわれるが、ガメラは当時の大映社長が、**空飛ぶ亀の幻覚**を見て思いついたというのが定説である。

最近、この「ガメラみたいにかっこいい」亀をペットに買ったはいいがもて余し、「自然に帰す」と称してその辺に放擲《ほうてき》する輩《やから》が後を絶たない。手を食いちぎり、輸送中に木箱を破壊して逃走するほどのパワーも持つ、この**「猛獣」認定の亀**は、放水路で、県道で、工事現場で、**マンションの植え込み**で、いたる所で見つかっている。捕獲された亀は拾得物扱いになるので、警察署員がおっかなびっくりの世話を余儀なくされるそうだ。

日本は世界最大のペット輸入国。珍奇で高価な動物を景気よく買って飽きては捨てる。瘦《や》せても枯れても経済大国、他国には真似のできない奔放さだ。だが、自然界相手に札ビラを切るようなことを続けていれば、いずれその手を食いちぎられるだろう。

[ ワニガメ ]

北米南部の河川、湖沼に棲息する北米大陸固有種。魚などをおびき寄せて食べる。淡水棲の亀では世界で最大のものである。寿命は100年以上ともいわれる。甲羅に藻を生やし、水底で偽装してじっと獲物を待つ。春の産卵時期に雌は水から上がり、泥の中に球形の卵を10～50個ほど産む。目下絶滅危惧種に指定されている。

### あの生きものは今 ❶

## アゴヒゲアザラシ狂騒曲

2002年８月、東京の多摩川に１頭のアザラシが姿を現した。

このアザラシは“アゴヒゲアザラシ”という種類で、流氷に乗ってオホーツク海あたりまで来ることもあるというが、内陸の河川まで来るのは極めて珍しいことであった。取材に来たテレビ局リポーターの「タマ川だからタマ」という、小学２年生程度のセンスで命名された**タマちゃん**なる名前は、嘲笑《ちょうしょう》も抵抗もなくあっという間に世間に受け入れられ、その後、その年の流行語大賞にも選ばれることになる。アザラシが水面から首を出したの出さないのと、飛び上がらんばかりにはしゃぐリポーターのエキサイトぶりは、お茶の間のそれを素直に反映しているものであった。

やがて、このアザラシに注目する人たちの間から、

**「タマちゃんのことを想《おも》う会」「タマちゃんを見守る会」**という2つの奇妙な団体が生まれる。

アザラシのことを想ったり見守ったりするのに、何《な》故《ぜ》徒党を組む必要があるのかという素朴な疑問をはさむ余地もあらばこそ、アザラシの新しい移住先、横浜西区の帷子川《かたびらがわ》でこの2つの会は激突することになる。「タマちゃんのことを想う会」はアザラシを海へ帰そうとダイバーを潜らせ、網を張って捕獲を試みるも、水中が専門のアザラシには対抗できるはずもなく、大がかりな作戦で捕まったのはコイ1匹であった。

「想う会」はその後も「食べものに困らないように」とエサのホタテをばらまくなどして、抗議する「タマちゃんを見守る会」と川辺で衝突、警官まで出動する騒ぎとなる。県の河川管理者が、川にゴミを捨てないように注意すると、**ホタテをゴミとは何事か**とホタテ業者が抗議に割って入り、騒ぎに華を添えた。このアザラシの捕獲の顚末《てんまつ》については、後に神奈川県知事まで出てきて遺憾の意を表明した。

そんな対立をよそに横浜市はタマフィーバー。タマちゃんまんじゅうは売られ、タマちゃんソングのＣＤ

は売り出され、タマちゃん写真展が開かれ、タマちゃんぬいぐるみができ、タマちゃんカレンダーができ、タマちゃん絵本ができ、タマちゃん絵ハガキができ、タマちゃんカステラが売り出され、果てはポスターのモデルにまでなり、川辺には見物人がずらりと並んで右を向けばキャー、左を向けばワーと昭和41年のビートルズ来日のような騒ぎとなった。

川面から顔を出すアゴヒゲアザラシ（横浜・鶴見川）

そして調子こいた横浜市役所は、とうとうこのアザラシに**住民票**まで交付した。戸籍上のアザラシの本名は**「ニシタマオ」**。そしてこの住民票の写しを求める市民が市役所に詰めかけた。海生哺乳《ほにゆう》類に住民票を交付したのは、地球上で我が国だけかもしれない。

いまだ不当な扱いを受ける在日外国人らは、これに対し**「同じ哺乳類にも住民票を」**と主張、アザラシの格好で横浜市役所に押しかけ、担当者を困惑させた。

国土交通省は「タマちゃん大好き！」の国民的大合唱の中、ここで行政として前向きに動かねば世論の叱《しつ》声《せい》を買うとして、迷いこんだたった１頭のアザラシのために**「アゴヒゲアザラシに関する連絡会」**と称する保護会議を開くが、扇千景《ちかげ》大臣の「自然のものは自然に」という真っ当すぎる意見の前に立ち消えとなった。

だが横浜ではめげずに、環境省の役人、動物専門家、県、市の担当者らの連絡会議がもたれ、ことこの１頭の迷い子の動物に関しては、行政とは思えぬほどのフットワークの良さを示した。

「タマちゃん」人気はすさまじく、その人気に便乗しようと新潟・加治《かじ》川の**カジちゃん**、宮城県・歌津町の**ウタちゃん**、同県北上川の**キタちゃん**などのバッタもんが立て続けに名乗りを上げ、地元では、主に経済効果としての強い期待を持たれたが、いずれも不発に終わる。「ウタちゃん」と呼ばれたワモンアザラシは、何かを察知したのか、早々に海に帰ってしまった。

その後、アザラシを捕獲しようとした「想う会」は、「スカラー電磁波攻撃を受けている」と主張し、白装束姿と不思議な渦巻き模様で覆《おお》ったワゴン車20台で各地を迷走して全国に名を馳《は》せた**「パナウェーブ研究所」**なる謎《なぞ》の団体から、600万円の資金提供を受けていたと報じられた。

「スカラー波攻撃による末期ガン」で余命幾ばくもないとされる「千乃《ちの》裕子」と名乗る代表はこのアザラシの保護を懇願していたという。**理由は一切不明。**

この団体は山梨県大泉村にアザラシを捕獲したときのためのプールまで用意していたともいう。団体はアザラシの保護を訴えると同時に、地球にニビル星なる天体（妖星《ようせい》ゴラスのようなものかどうかは不明）が接近しつつあるとし、聞き入れぬ者は死を迎えると主張した。

タマちゃんとパナウェーブ研究所という突拍子もない組み合わせは多くの人の首を傾《かし》げさせた。ニュースを見ても状況を呑《の》み込めず、こんな風に聞き返した人もいるという。
「え？　は？　タマウエーブ……？」

その後、嫌気がさしたのかアザラシは帷子川から忽《こつ》然《ぜん》と姿を消した。ファンは松村和子ばりに「帰ってこいよ」と合唱したが、帰ってきたのは「想う会」であった。
彼等は帷子川で捕獲の予行演習を始め、付近住民は速攻で警察を呼んだ。捕獲騒動以降、迷いこんだ動物を海へ帰してやろうと試みたこの団体は、世間から邪教集団のように敵視されていた。

1ヶ月後、アザラシが埼玉県の中川で発見された。このアザラシは**DNA鑑定**で「タマちゃん」本人であることが確認され、ファンは再会に喜び、**感涙にむせぶ主婦**まで現れる始末だった。横浜でアザラシが姿を消してから約1ヶ月後のことである。
アザラシは中川にしばらくいた後、今度は同じ埼玉県・朝霞《あさか》の荒川に目尻《めじり》に釣り針が刺さった姿で現れ、多くの人に悲鳴をあげさせる。

メディアはこぞってこの姿を報道、これに対し山ほどの貴重なご意見が寄せられたが、それは「かわいそう」「何とかして」というほぼ2種類に大別された。

しかし何とかしようにも何ともしようもなく、またしても国土交通省、埼玉県が専門家を交えて**検討会**を開いたが「当面見守る」という方針を打ち出す以外になかった。とりあえず**「タマちゃんにとってよくない」**という理由で、予定されていた荒川の災害時緊急船着き場の浚渫《しゅんせつ》工事も延期になった。

「埼タマ」という語呂《ごろ》合わせを思いつかぬ者はおらず、今度は埼玉が注目スポットになるかと思われた。

埼玉の朝霞市長も横浜市に対しアザラシの**住民票を移すよう交渉**することを明らかにし、受け入れに意欲満々なところを示した。

やがてアザラシの目尻の釣り針はとれ、再びニュースとなると、帷子川同様、荒川にも大勢の見物客が詰めかけ、土手はW杯のように人で埋まった。

道路は渋滞し、警察官が整理にあたらねばならなかった。アザラシが姿を見せると見物客は大声で名前を呼んだり手を振ったりしたが、大抵の野生動物に対してこのような行動が威嚇《いかく》に映るとは、多くの人は知る由《よし》もなかった。

荒川の川辺の屋台では、人形や生写真が売られ、タマちゃん音頭なるものを歌いながらテープを売り歩く**自称演歌歌手(60歳・男性)**なども現れ、タマちゃんグッズははびこり、サイバースペースにはタマちゃん歳時記だのタマちゃん日記だのというサイトが続々と現れ、タマちゃん人気はとどまるところを知らぬかに見えた。

1匹の動物のためにこれだけの騒ぎが起きる我が国は、まことに善良な人たちの善良な国であるといわざるを得ないが、かの騒ぎが起こったのはひとえにこのアザラシが**かわいかった**ということに尽きる。

我が国ではかわいらしさというのは行政を動かすパワーさえあるのだ。流れ着いたアザラシがかわいらしいアゴヒゲアザラシでなく、醜く猛々《たけだけ》しいゾウアザラシ（オス）だったとしたら、名前が付く前にあっさり射殺されていただろう。

ことほどさようにかわいらしさというのは途方もない価値である。人々はかわいいものが大好きである。だが大好きなあまり、かわいいものを見るとエゴイズムが**丸出し**になってしまうというあたりが、我が国独特の性質ともいえるかもしれない。

泣きや癒《いや》しを人々は腹の減った養殖鯉《ごい》のごとく欲している。いくら食っても食い足らぬ。そんなところへ思いもかけず現れた1匹の愛らしいアザラシは、まさにツボど真ん中の絶好球、天からの贈り物だったかもしれない。

だが我が国にはヒト科の中でも際《きわ》だった特徴がもう一つある。その驚くべき飽きっぽさと冷めやすさだ。

今、荒川には一時期詰めかけた大勢の見物客は影も形もない。閑散たる土手に常連のファンだけが、アザラシが姿を現すのを辛抱強く待っている。

アザラシが休憩所として利用しているボートに飛び乗ると、彼等は無言で、いっせいに高性能のカメラを構え、シャッターを切る。その様子はアイドルの撮影会と変わるところはない。

時が経《た》った今では、その人たちですらまばらである。

アザラシはというと天下太平といった按配《あんばい》である。自由気ままな生活を満喫しているのかもしれない。人と野生動物は本来の関係に戻ったのである。

　ところで多くの人はかのアザラシを覚えているのだろうか。道行く人に訊《き》いてみよう。すいません。今タマちゃんはどうなってるか知ってますか？

「ああ、タマちゃん？　最近聞かないけど……海に帰ったか、もう死んじゃったんじゃないですか？」

追記　2004年5月にアザラシは姿を消し、その後は「消息不明」である。

## タマちゃんにはなれなかった

# ボラちゃん

**異常発生したボラ**

原因は不明だが、自然界ではある特定の種だけがある時期に異常に発生することがしばしばある。

2003年４月、東京は立会川《たちあいがわ》に、突如**数十万匹のボラが異常発生**。これは来《きた》るべき大災厄の不気味な前触れであった……ということは全くなく、単に迷惑なだけであった。

テレビ局は第二のタマちゃんを狙《ねら》ったか、**「ボラちゃん」**と名付けてニュースにした。だが、テレビにすぐノセられる人間は多いものの、さすがにボラ追っかけをするうつけ者は出なかった。

食ってもまずく、口をパクパクさせるだけで愛《あい》嬌《きよう》もなく、人間には何のメリットもなかったが、喜んだのは鷺《さぎ》である。ここを先途と食いまくった。酒池肉林ならぬ酒地魚林である。

ボラは出世魚、オボコ、イナッコ、スバシリ、イナ、ボラ、ときて最後に「トド」となる。「トドのつまり」の語源であるが、果たしてここで発生したボラの何パーセントがトドにまで出世できたろうか。おそらくそのほとんどが食われてしまったであろう。得をしたのは捕食者だけである。この異常発生は、厳しい自然の気まぐれな「食べ放題サービス」でもあったのかもしれない。トドのつまりそんなことだ。

[ ボラ ]
河口付近に棲み、外洋に出て成熟する。雑食性。出世魚といわれ成長に従い呼び名が変わるが、30センチぐらいのものをボラと呼ぶ。卵巣を加工したものはカラスミと呼ばれる珍味。

枯れ葉から殺戮者に豹変

枯れ葉に化けるだけあって、厚みもほとんどない魚である。
観賞用として飼育する場合は、他の魚と混泳させると食ってしまうので注意が必要だ

## 哀愁の枯れ葉に潜む罠《わな》

# リーフフィッシュ

枯れ葉よ　絶え間なく散りゆく枯れ葉よ
つかの間　燃え立つ　恋に似た落ち葉よ
枯れ葉よ…

イヴ・モンタンの憂《うれ》いを秘めた歌とはあまりに縁遠い、ホラーな枯れ葉、それがこのリーフフィッシュだ。別名「枯葉魚」の名の通り、**枯れ葉に化ける魚**である。裏になり表になり、絶妙な角度と動きでゆっくりたゆとうそのさまは、まさに水に沈んだ枯れ葉そのものであるが、優雅な白鳥のたとえ通り、この演技を維持するため、リーフフィッシュの胸びれは常に忙しく動き、あたかも宇宙船のバーニアのごとく姿勢制御に余念がない。
だがこの懸命の演技は、保身のためだけではない。攻撃用でもある。獲物の小魚を安心させ、さらに口元の疑似餌《ぎじえ》でおびき寄せる。そして射程距離に達した途端、たゆとう枯れ葉は殺戮者《さつりくしや》に豹変《ひようへん》、怪物のような口を高速射出して獲物を瞬時に呑《の》み込む。その間わずか0.2秒。
そしてその瞬《まばた》きする間の殺戮の後には、何事もなかったかのように、イヴ・モンタンの名曲に合わせ、はかなげに漂う枯れ葉があるばかりであった…

枯れ葉よ…

[ リーフフィッシュ ]
体長10センチ。アマゾン河流域に分布。水中の枯れ葉そっくりの動作をする。体色は周囲の色に順応して変化する。卵は水草に産み付けられ、雄が守る。観賞魚としても人気がある。

## 貧乏臭い超化学兵器
# ミイデラゴミムシ

**ミイデラゴミムシの攻撃**

体内の酵素を熱から守るため、冷却と爆発を瞬間的に何度も繰り返すパルスジェット方式でガスを噴射しているという説もある。

この昆虫は、体内に化学プラントを持つ化学兵器ともいえる。

貯蔵嚢《のう》には過酸化水素とフェノールの化学混合物が備蓄されている。攻撃時にそれらの化学物質は反応炉へと送られ、そこで酵素を触媒に爆発的に反応、発生したキノンと呼ばれる毒ガスは高熱を伴い、爆発音と共に尾部から発射される。反応炉は厚いキチン質の防護壁で、ミイデラゴミムシ自身が爆発してしまうことはない。強烈な刺激性のガスを、4分間に20発以上の発射が可能である。この昆虫は高熱の毒ガス蒸気を発射する砲台なのだ。

こんなハイテク化学兵器に進化した昆虫の俗称は**へっぴり虫**。正式名称からしてゴミムシであるから、どうしても「くせえ虫」のそしりは免れず、まさしく虫けら以下の存在として扱われてきた。

だがそれでいいのだ。このような物騒な兵器を備えた虫が米軍なみにのさばったら、安心して昼寝もできぬ。へっぴり虫、くせえ虫として肩身狭くしておれば、少なくとも日本の風情《ふぜい》はそれを許容するぐらいの寛容さは持ち合わせているのである。

御仏《みほとけ》の鼻の先にて屁《へ》ひり虫　一茶

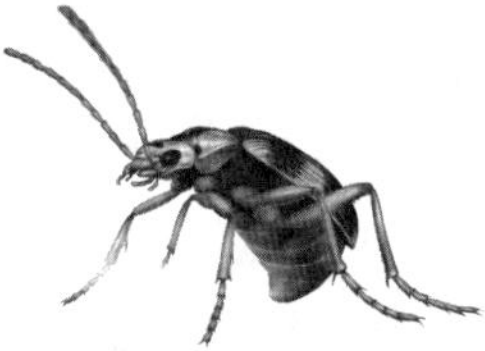

[ ミイデラゴミムシ ]

体長15ミリほど。日本全土、朝鮮半島、中国に分布する。湿気の多い草むらや畑、石の下などに棲む。主に夜間に活動し、他の小昆虫を捕らえて食べる。尻から発射されるガスは、天敵のカエルなども撃退する。

## 貴重なわりには名前が安い

# コウモリダコ

**エサを捕まえようとするコウモリダコ**

フィラメントと呼ばれる1メートルもある触手を伸ばし、
それをアンテナのようにして獲物を探知すると考えられている。

100年前にドイツ人が捕獲し、その記録図は存在していたものの、そのあまりといえばあまりの珍妙な姿に、当のドイツ人でさえ「いるわけねえだろ(ドイツ語)」と、長年思っていた。が、しかし、最近の深海探査艇調査の進歩により、とうとうその実在が確認された。

恐竜時代から変わらない原始生物だが、侮《あなど》れない特技を持つ。全身を裏返し、トゲまんじゅう形態に変身《トランスフォーム》してその身を防御。頭部からライトを敵に照射して威嚇《いかく》。そしてその発光器を少しずつ閉じて、自分が遠ざかっていくような錯覚を敵に与え、とどめに光る粒子の煙幕と共に、一瞬で消え去る。相当な手練《てだ》れである。

日本では、古来からタコという生物は「タコの八っちゃん」といったユーモラスなイメージで親しまれているせいか、このコウモリダコのドキュメンタリー映像が放映されると、生きもの好きの間では綿矢りさ並みに人気沸騰《ふっとう》、「コウモリダコ萌《も》え」が続出し、フィギュアまで造られた。

だが西洋では、単なるタコにさえ「悪魔の化身」のイメージをもたれている。そのためか、タコをさらに奇怪にしたようなこの生物にも「地獄の吸血イカ」などという**ライダー怪人のような学名**がつけられてしまった。

今からでも遅くはない。科学的啓蒙《けいもう》の見地からも「ヒレヒレタコラ」とかそういった親しみのある名にしたらどうであろう。

[ コウモリダコ ]

体長30センチ。深海600メートルから900メートルの、酸素極少層と呼ばれる層に棲んでいる。何百万年も前から姿が変わっておらず、大昔に深海に適応したと考えられている。イカ・タコの先祖にもっとも近い生物といわれている。

## 昆虫もハートも狙《ねら》い撃ち

# アロワナ

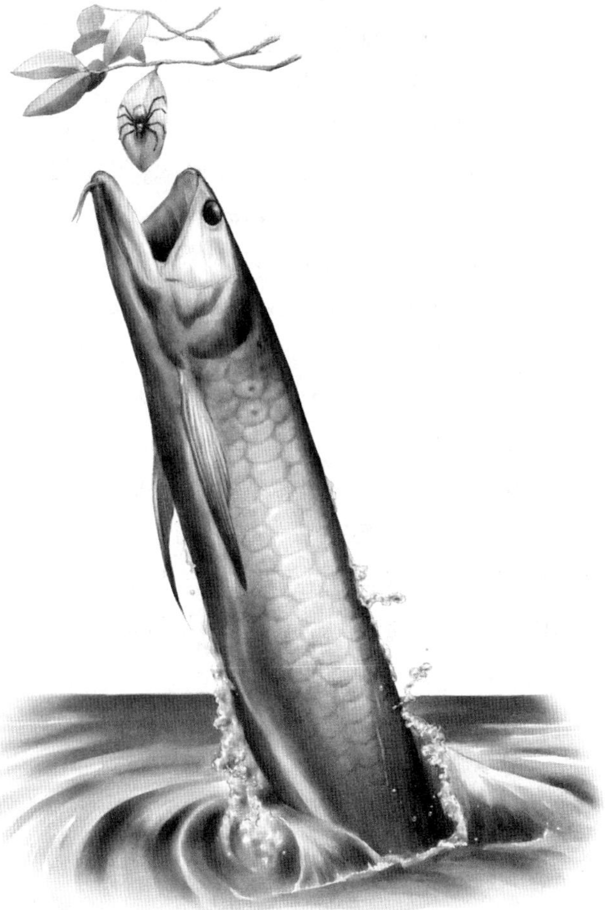

**一撃必殺の昇り龍ジャンプ**
右目と左目に映る映像の誤差から対象との距離を算出、光の屈折をも含めて
獲物の位置を測定し、精密射撃のような正確さで獲物を仕留める。

アロワナは、体長の倍もの距離を大ジャンプして、獲物を仕留める。

水中から、空中高くの小さな虫を狙いたがわず捕らえるのだ。精妙な視覚システムと高度な運動能力が、こんな芸当を可能にする。

「昇り龍」と呼ばれるこの流麗な跳躍、そして体色の美しさから観賞魚としても珍重される。辣椒紅龍《らしようこうりゆう》だの藍底紅尾《あいていべにお》だのという大層な名で呼ばれ、珍種に至っては17万5千ドルで取引されたこともある。

この素晴らしい魚にハートを奪われ、アロワナ飼育の魅力に取り憑《つ》かれたマニアは、他のことを忘れてしまう。狭い部屋に巨大な水槽を据え付け、水のpHショックにビクつき、温度計をにらみ、エサを食わねばオロオロし、寄生虫憎しと薬品をぶちこみ、病気になれば**手術**を施す。そしてエサのコオロギ、ネズミ、金魚、赤虫などの飼育も行うため家は野生園と化す。「昇り龍」をやらかすたびに、床でビッタンビッタンと跳ね回るアロワナを追い回し、ウロコ取れに泣き、目が垂れたと騒ぎ、女房子供はしまいに愛想を尽かして出ていってしまうが、それでもやめられない。

迂闊《うかつ》に安い幼魚など買うと、たちまち巨大になって始末に負えなくなり、ショップは引き取らず、捨てるわけにもいかず、**思い余って食ってしまう**奴《やつ》もいるという。人心惑わす魔性の魚類といえよう。

取り憑かれた人の背中《せなか》には、アロワナの昇り龍が色も鮮やかに彫られている。無論本人にしか見えない。

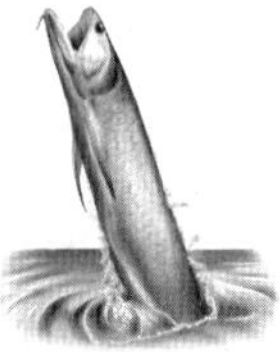

［ アロワナ ］

体長60センチ、アマゾン川流域に分布。湿地、湖沼に生息する。他にアジアアロワナ、シルバーアロワナなど5種類がいる。昆虫の他に小動物を食うこともある。1億3千万年前から形態の変わらない、生きた化石とも呼ばれている。親が絶食し、口の中で子供を育てる「マウスブルーダー」であるが、これはオスの役目である。

はかない狩猟者

# ウチワカンテンカメガイ

**海中を「飛行」する**

本来、足である部分が翼状に変化した。
羽ばたく様子は蝶のようだが、「ミッキーマウスの幼虫」というあだ名もある。

浮遊性の**貝**である。

海中を羽ばたいて「飛ぶ」ところから、「翼足類《よくそくるい》」といわれる。半透明で優美なそのフォルムは美しく、海中を舞う蝶《ちょう》のように優雅なところから、外国でも「シー・バタフライ」と呼ばれている。

体はゼラチン質、申し訳程度の貝殻もついているが、ちょっと触るとすぐ壊れてしまうほど、もろく、繊細である。

だが、この優美で繊細な生きものは肉食で、狩猟者である。体長8センチの体から最大**2メートルにも及ぶ巨大な粘液の網をはき出し**、自分の周りに「定置網」を張り巡らす。ウチワカンテンカメガイはその網の中でじっと待つのだ。そしてプランクトンなどがかかると、その網をたぐり寄せて捕獲する。もしこの「漁」の最中に敵がくれば網をさっさと切断して逃げる。

翼足類は、終始けなげに羽ばたいており、蝶が花にとまるように、海草にとまって休むようなことはない。そもそも手も足もなく、翼しかないので常に遊泳していなければならないのだ。

彼等が翼を休めるとき、それは水底深く沈み、海底の泥と一体化するときなのだ。

巧妙な狩猟者、その姿は美しく、そしてあまりにはかない。

**[ ウチワカンテンカメガイ ]**

体長8センチ。西太平洋の温帯から熱帯にかけて分布。海中の表層付近で群生していることがある。殻を失った浮遊性の貝の一種で、「翼足類」と呼ばれるが、薄く小さい殻は残っている。口からはき出す粘液の袋は「ミューカス・トラップ」と言われ、これでプランクトンなどを捕る。体はゼラチン質で非常にもろい。

## 脚だけで生きてます
# ウミグモ

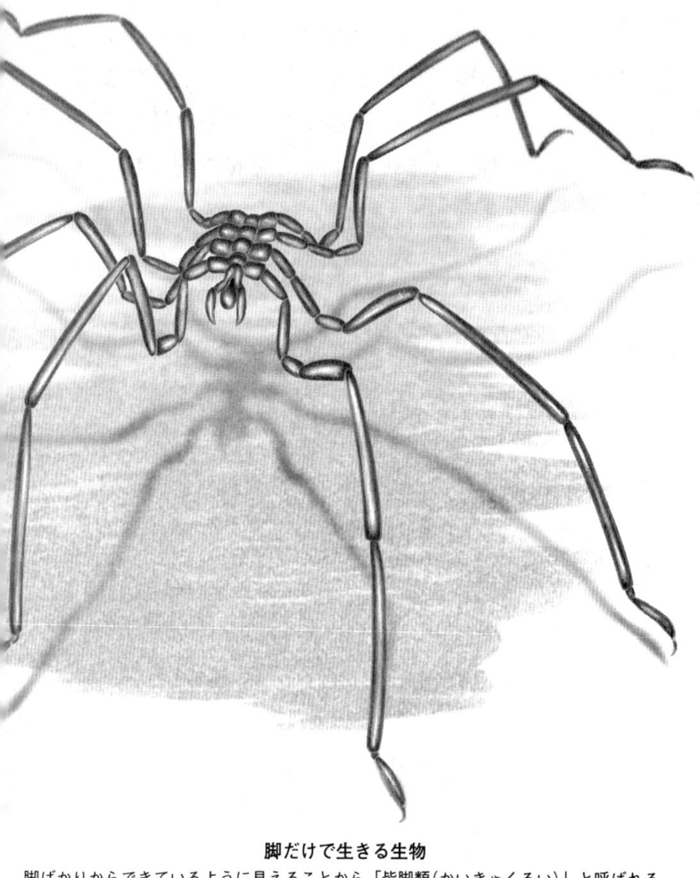

**脚だけで生きる生物**

脚ばかりからできているように見えることから「皆脚類(かいきゃくるい)」と呼ばれる。
担卵子（たんらんし）という専用のハサミで巨大な卵塊を運ぶ。

「ウミグモ」というくらいだから海底で蜘蛛《くも》の巣でも張るのかと思いきや、陸上のクモとは縁もゆかりもなく、当然、罠《わな》で獲物を狩るなどという悪辣《あくらつ》な真《ま》似《ね》もしない。折れそうなほどに細い足を律儀《りちぎ》に交差させ、繊細な時計仕掛けのように海底を独歩し、カイメンなどをとろかしては静かにすするという、つましい生活を営んでいる。

蜘蛛には立派な胴体があるが、このウミグモの胴体はほとんど消失している。東西南北どこから見ても脚だけである。「脚だけの生物」などというと、「人魚のミイラ」のようなインチキくさい見せもののようだが、ウミグモの消化器官、また生殖器官などはすべて**脚の中に格納されている**ので、看板に偽りはない。

細い体を絡《から》ませ合って、などと書くと何やら艶《つや》ぽいが、ウミグモの雄雌の交接の姿は、単にひっからまった針金で艶もくそもない。そしてそのこんがらがった姿で放精・放卵を行う。受精した卵は雄が大きな卵塊にして持ち運ぶのだが、その姿は、かのガンジーが息も絶え絶えに、巨大な握り飯を運んでいるかの如《ごと》くである。

ウミグモの大きさは、そのつましい生き様にも似合い、数ミリから1センチと、小さいものだが、何《な》故《ぜ》か深海性の種になると全長70センチにも巨大化し、にわかに幅を利《き》かせて、あたりの深海魚にガンを飛ばしたりするようになる。ある種の生物が深海に出張ると、このようにふてぶてしく巨大化してしまう「ジャイアンティズム」なるものの理由は、未《いま》だによくわかっていない。

[ ウミグモ ]

ウミグモ類は世界に約1000種が確認されているが、たいがいは1 ～10ミリの体長である。世界中の海で見られ、ヒドロ虫類、苔虫類などを消化液で溶かして吸い上げたり、また、はさみのついた「付属肢」で、上手に切り分けて食べたりもする。イソギンチャクに寄生して暮らす種類もいる。

かわゆいどうぶつさん❶

## ぼくたちの自由社会

# プレーリードッグ

**見張り役のプレーリードッグ**

群れの中の１匹が歩哨（ほしょう）として立ち、周囲を警戒する。
不審なものを発見すると犬のように鳴いて仲間に知らせる。

コロニーで社会生活を営む。そのかわいらしさから、「愉快なプレーリーランド」とかいった社会をつい想像してしまうが、実態はどうであろう。

年に一回の発情期に、オス同士は死闘を繰り広げる。そして勝者だけがメスとつがい、巣穴を持ち、各巣穴には縄張りができる。そしてメスの出産と共に巣穴同士の生存抗争が激化する。

母親はよその巣穴に侵入して、競争相手の子供を喰い殺す。さらには親子共々**生き埋め**にしたりもする。やり損なうと報復が待っている。お受験競争どころではない。

群れのリーダーは子供ともども、下克上で殺されることもあり、さらに群れ同士の抗争も激しい。ヘビやイタチの襲撃にも、毎晩のように犠牲者が出る。

愉快なプレーリーランドどころではない。**「仁義なき戦い・広島死闘篇」**のような毎日である。

このようにワイルドに、だが自由闊達《かつたつ》に生きている彼らだったが、あまりのかわいらしさに多数が捕獲され、ペットとして売られていった。多くの人がこぞって買い求め、プーちゃんだのぷれ丸クンだのといった赤面的名前をつけ、初孫を授かった老人のように溺愛《できあい》した。

だが、今はもうそんな人は少なくなった。別に「野生動物と人間の本来のあり方」などといったことへの認識が改まったわけではない。

**ペストを媒介する**として感染症法が適用され、2003年3月に輸入が禁止されてしまったのだ。

［ プレーリードッグ ］

体長30センチ。齧歯（げっし）目リス科の仲間。北アメリカ中西部の草原に生息する。コテリーと呼ばれる小規模のコロニーが集まり、大規模な「タウン」を形成する。この「タウン」は65ヘクタールにも及ぶことがあり、農家にとっては害獣である。基本的に草食であるが共食いもする。何故なのかはまだわかっていない。

かわゆいどうぶつさん❷

# 遠い海からのお客さん

# ラッコ

**大食いのラッコ**

ラッコには皮下脂肪がないため、体熱の低下を防ぐには食べるしかない。1日に体重の4分の1ほども食べる。これは普通の哺乳類の倍以上である。

森進一《もりしんいち》の歌で有名なえりもみさきに、ある日3頭《さんとう》のかわいいラッコちゃんがやってきてみんな大よろこび。でもとてもこまったことがおきたんだ。ラッコちゃんは、えりもの人たちが海でだいじにそだてていた高級《こうきゅう》ウニ4トンを、ぜんぶぱくぱくたべちゃったんだ。3頭《さんとう》で4トンもたべるなんて、すごいね。えりものひとたちが損したおかねは4千万円《よんせんまんえん》。都内《となない》のマンションに愛人《あいじん》がかこえるね。

おじさんたちにとっては、かわいいラッコちゃんも害獣《がいじゅう》なんだ。がいじゅう、ていうのはわるさをするくそケダモノっていみだよ。

でも退治《たいじ》はできないんだよ。どうしてかって？

ラッコちゃんは国際《こくさい》保《ほ》護条約《ごじょうやく》で守られているし、それにかわいいラッコちゃんをいじめたりしたら、「ラッコちゃんにひどいことをしないで」って怒ったり泣いたりする人がたくさん出て、大さわぎになってしまうんだ。だからえりものおじさんは健《けん》さんみたいにじっとりふじんにたえるしかないんだ。

でも、ほんとうはラッコちゃんを無反動砲《むはんどうほう》で粉砕《ふんさい》してやりたいと思ってるかもしれないね。ふんさいっていうのは爆発《ばくはつ》してこっぱみじんになっちゃうことだよ。何たって4千万円《よんせんまんえん》だものね。

えりもの春《はる》は何もない春《はる》です、ていう歌詞《かし》がシャレにならないね。

［ ラッコ ］

体長1メートル、体重30キロほど。イタチやカワウソの仲間。北海道以北の北方の海に分布する。襟裳（えりも）で1頭のラッコが目撃されたのは2001年の春頃で、非常に珍しいことだったという。2003年からは頭数も増え、滞在するようになる。実害も出るが保護条約のため駆除も出来ず、地元では頭を痛めたという。

かわゆいどうぶつさん❸

## みなみのしまのあくまだよ

# アイアイ

"悪魔の使い" アイアイ
長いかぎ爪による特殊な狩りの手法は、生まれつき備わっているわけではない。
生まれた子供は二年ほど母親と一緒にいるが、その間に狩りの仕方を親から学習するのだ。

♪ア〜イアイ　ア〜イアイ

おっさ〜るさ〜んだよ〜♪

童謡のくせに、カラオケランキングに入る人気曲。いいオトナもよく歌っている。この歌は誕生以来30年以上も歌い継がれている童謡界の横綱、子供ソングのホームラン王である。

しかしこの歌とアイアイの実像には**十万億土のへだたり**がある。アイアイは夜行性で、主に昆虫などを食べる。暗闇《くらやみ》の樹上を幽鬼のごとく移動し、異様に伸びたかぎ爪《づめ》で、木の幹を素早くカカカカカカ……と**打診**する。そしてレーダーのような耳でその音を探知、エサの芋虫の居所を探りあてると、かぎ爪を突っこんで無造作に引っかきだし、むしゃむしゃと食ってしまう。

不気味な目、巨大な耳、長く伸びたかぎ爪などは悪魔のように見えるが、実際に現地では「悪魔の使い」の異名をとり、見つめられると、その爪で引き裂かれると言われる。のんきに歌っている場合ではない。

「アイアイ」の作詞家の相田裕美さんは、実はアイアイのことは何もご存じなく、歌詞のヒントは名前と図鑑の絵だけだったそうだ。

図鑑が適当な出来だったからこそ、この歌は生まれたともいえる。夜陰に乗じて狩りをし、かぎ爪に芋虫を引っかけてむさぼり食う姿が載っていたら作詞は山崎ハコがしていたかもしれない。

[ アイアイ ]

体長40センチほど、マダガスカル島のみに生息する夜行性の霊長類。昆虫の他、木の実、キノコなども食べる。伸張した中指は先端が二重関節になっており、自在に曲げられる。「アイアイ」の名前は、珍しい動物に驚いた村人の声を、発見者が動物の名前と勘違いしたところからついたとされている。熱帯林の破壊で、その数は激減している。

かわゆいどうぶつさん❹

# 仏恥義理有《ゆう》袋《たい》類

# ブチクスクス

**樹上のブチクスクス**

ぺたっと座って一日中動かないほど鈍いが、気は荒い。
尻尾を枝に巻き付かせバランスをとるが、使わないときはきっちり巻いておく。
西洋人は「最も美しい哺乳類」と評したが…。

昨今は動物語を解析するのが一種の流行で、バウリンガルだのミャウリンガルだの、果ては貝リンガルなどというものさえ出る始末である。

ではここで新開発の、語呂《ごろ》合わせも不備な「クスリンガル」でブチクスクスさんの会話を聞いてみよう！　どんなお話をしているのかな？

「てめ、何見てんだよ、ア～？」

「アンだとこの野郎、誰に口きいてんだ？　ア？ぶっ殺すぞコラァ‼」

「てめえどこのモンだ？　調子こいてンじゃあねえぞ、ンの野郎‼」

「ざけンじゃねェ、沈めるぞコラア‼」

以上、ブチクスクスさんの日常会話でした。

ブチクスクスはすこぶる動作の鈍い動物だが、すこぶる怒りっぽく、近づく仲間に対しても常に歯を剝《む》き、唸《うな》り、足を振り上げ、神経を逆撫《さかな》でするような吠《ほ》え声で威嚇《いかく》する。

しかし喧嘩《けんか》上等というわけではなく、やたらに相手を威嚇はするものの、**基本的には臆病者《おくびよう》**なので、本当の喧嘩になることは滅多にない。

人間（オス）同士の威嚇の場合、まずお互いが「ざーけんじゃねえ」等の威嚇音を発する。そして強さのアピールのため**竹内力《りき》**の顔となってお互いに迫ってゆくが、迫りすぎてついには顔と顔がぺったんことくっついてしまう。それでも竹内力をやめない。思わず大笑いだが、双方から飛んでくるパンチに注意したい。ちなみにブチクスクスをヤンキー語で書くと仏恥愚巣愚巣だ。夜露死苦。

［ ブチクスクス ］

体長60センチ。オーストラリア南東部、ニューギニアなどの熱帯雨林、マングローブ林に棲む有袋類（ゆうたいるい）。腹の育児嚢（いくじのう）で子供を育てる。木の葉、昆虫、卵、花蜜などをエサとする。動作は緩慢。単独で行動し、樹上で生活する。ブチがあるのはオスだけ。天敵はニシキヘビ。

C級怪奇映画で主役を張れる

# ヤツワクガビル

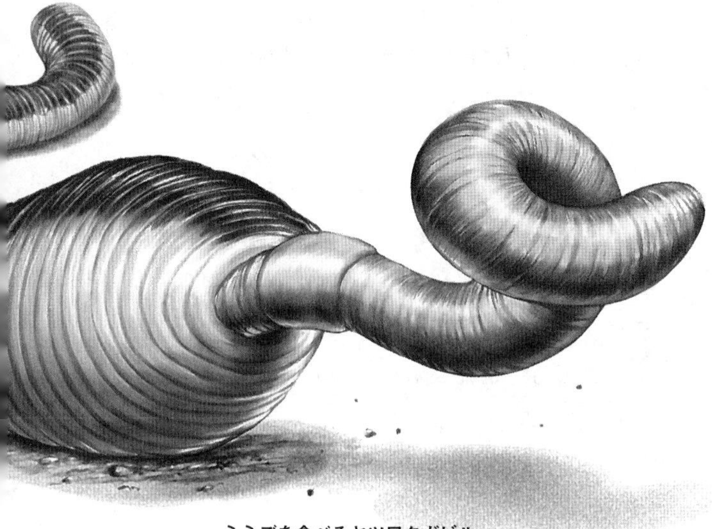

ミミズを食べるヤツワクガビル
体節が八つあるところから八つ輪、クガは古語で陸地を表すという。
クガビルの仲間にはムツワクガビル、ヨツワクガビルがいるが
いずれも肉食でミミズを食べる。

**体長40センチに及ぶ巨大な陸生ヒル。**

色も、毒々しい黄色と紺のツートンカラー。「ヤツワクガビル」という名前も怪獣のようで、「巨大吸血ヒルvs地獄のナチスゾンビ」とかいったくだらん怪奇映画に出てきそうだ。放射能で巨大化し、逃げまどう半裸のパツキン女を捕まえて、血をぶちゅるぶちゅると吸ったりするのである。

このヒルの実際の主食はミミズ。でかい管が細い管を**のたうちながら呑《の》みこんでいく**という、胃袋のあたりが酸《す》っぱくなってくる食事風景だ。ラブラブなカップルが手をつなぎ、ランラランとハイキングに行ってこんなものを見た日にゃ二人の恋も終わりだろう。

しかしこんな嫌らしい生きものでも、ネットオークションなどに出るご時世だ。売る方も売る方だが、買う方も買う方だ。買って一体どうしようというのだろうか。

大事に育てるとも思えない。きっとストーカーが振られた女への嫌がらせで、プレゼント宅急便で送りつけるに違いない。女性専用車両に放りこんでダッシュで逃げるのも面白そうだな。嫌な上司の弁当箱にも入れちまえ。

かように野卑で下司《げす》な欲望をいろいろと掻《か》きたててくれる、すさんだ世相にぴったりの生物である。

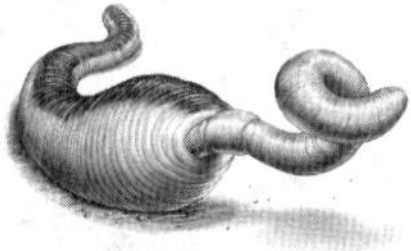

［ ヤツワクガビル ］

最大体長40センチに及ぶ、日本最大級の陸生ヒル。湿地帯の石の下、落ち葉の下などに潜む。山奥の森林に生息するが自然公園で見つかったこともある。肉食。

### 食いしんぼうハンザイ

# シュモクザメ

**海底をスキャンするシュモクザメ**

シュモクザメには４種類あるが、１種を除いて世界中の温帯に広く分布する。
性質はおとなしく、大きな群れを作ることもある。

「シュモク」とは、鐘を打ち鳴らす「撞木《しゅもく》」という金づち状の仏具のことで、頭の形が似ているところからこの名がついた。

抹香《まっこう》臭い由来だが、実はこの撞木部分は「ロレンチーニ器官」というハイテク探知機なのだ。魚の微弱な生体電気をキャッチする、この高精度探知機にかかっては、獲物の魚は砂に隠れようが、見事な擬態でカモフラージュしようが、全く無意味である。ロレンチーニ器官は、魚の心拍さえキャッチできるのだ。

近年、この驚くべき機能を備えた生物は大量殺戮《さつりく》の憂《う》き目《め》に遭っている。

危険だからではない。**フカヒレ料理人気**のため、密漁・乱獲が絶えないのだ。

生け捕られたサメからは、ヒレだけが切り取られる。商品価値のない本体はそのまま捨てられ、やがて息絶える。一方、ヒレの方は丁重に扱われ、高級食材として大量に輸入される。

サラリーマンでも手の届く価格になってきたため、ますます人気は高まったが、いまだ高級珍味として傲然《ごうぜん》とその地位を保ち続けている。

グルメ番組で、芸能人が恍惚《こうこつ》の表情でフカヒレスープをすすれば、スタジオに詰めかけたおばちゃんたちは一斉に**「あァ〜…」**と、うらやましげな声を発する。その声はシュモクザメには呪詛《じゅそ》に聞こえているのかもしれない。

[ シュモクザメ ]

世界の温帯熱帯に生息。体長は4メートルを超え、卵胎生で約30尾を産む。近年は乱獲でその数が激減しているという報告もあり、EU、アメリカなどはフカヒレ漁を全面的に禁止した。今後は個体数等の科学的データを検証した上で、環境保護と漁業採算性のバランスをとっていくことが課題である。

カバ焼きでなくカバンになる

# メクラウナギ

メクラウナギ

大量の粘液を出すため、英語では「スライムイール」とも呼ばれる。
自身が粘液にまみれると、体を片結び状態にしてその結び目を移動させ、
ぬめりを取り去るという器用な真似をする。
日本や韓国では食用にしているところもある。ぶつ切りにして焼くと意外に美味という。

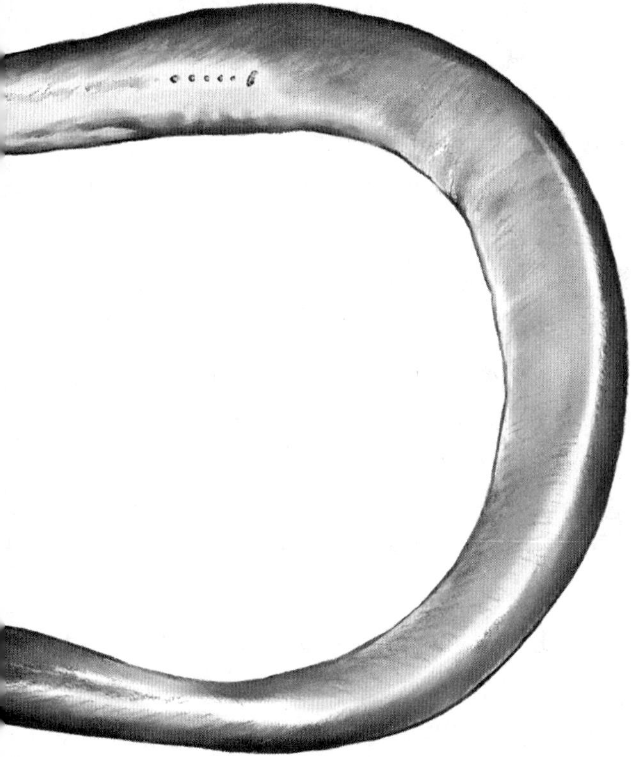

ウナギに「松」「竹」「梅」の等級がつくなら、このウナギには最低の「ゲス」がつけられてしかるべきだろう。深海の泥の中に潜み、陰茎（包茎）を思わせる体からは、大量の白濁した粘液を出す。「ヌタ」と呼ばれるその粘液は、バケツ一杯の水に粘性を持たせるほどだという。

海に沈んだ魚や動物の死骸《しがい》を嗅《か》ぎつけると、口や肛門《こうもん》から大勢で入りこみ、掃除機で肉を吸い取るように、骨と皮だけを残してそっくり食い尽くしてしまうという、実にもって下劣な生き物、その名も不適切なメクラウナギ。

進化に取り残され、カンブリア紀初期からその姿は変わっていない。顎《あご》のない原始的な形態だが、口内にずらりと生えた、舌が変化したノコギリのような歯舌《しぜつ》で、死肉をえぐり取るのである。

こんな下等な生物ではあるが、その皮をなめすとアーラ不思議、なんとハンドバッグやスーツケース、ゴルフバッグなどの**高級革製品に華麗に変身**して、アメリカで大好評を博しているという。

アメリカ人のビジネスマンと会う機会があったらそっと観察しよう。彼らは、この生きた化石ともいえるゲス生物の皮でできたブリーフケース片手に、最先端のＩＴビジネスを弁舌さわやかに語り、安全と称する牛肉や、よく飛ぶミサイルなどを売りまくるのだ。

［ メクラウナギ ］

体長最大80センチ程度。世界の温帯水域に分布。普段は海底の泥の中に潜っている。目はほとんど見えない。甲殻類や衰弱した魚類を食べる。ウナギと名はつくが普通の魚類とは違って顎はなく、開いた口に鋭い歯状の突起が並ぶ。骨の代わりに軟骨の節で出来た原始的な脊柱があり、これらの仲間は無顎類と呼ばれ、その形態は太古の昔から進化していないと言われる。

## 海の藻屑《もくず》と身をやつす

# リーフィーシードラゴン

**過剰かつデリケートな生態**

体内の浮き袋は急激な水圧の変化に耐えられず、
嵐の後などは、海藻と一緒に浜辺に打ち上げられることもあるという。
タツノオトシゴ類は現在乱獲の危機下にある。精力剤等の材料になるためである。

刑事ドラマなどでは、ドジをふんだチンピラや殺人の目撃者などは、大抵とっ捕まって海に突き落とされてしまう。その際のセリフは「海の藻屑になりやがれ」というのが大体のお約束だ。

そしてその通り、本当に藻屑と化してしまったのがリーフィーシードラゴンだ。過剰装飾の皮弁はまったく海藻そのもので、これが巧みに体を揺らし、海中をたゆとう様子は、どう見ても本物の藻屑としか思えない。エサは小エビなどだが、必殺の狩りの手段などない。ひたすら藻に徹し、ひたすら待ち受け、ようやく近くに寄ってきたエビを、そのストローロで吸い込むばかりだ。

技もスピードもテクニックもなく、とにかく擬態ばかりが頼り、**擬態一筋数万年**なのである。

この生物はその外見と同じくらい生殖法も変わっている。雌が卵を雄の腹に産み付けるのだ。そして雄が卵を保護し続け、やがて体内で孵《かえ》った赤ん坊たちを放出する。つまり男が子供を産むのだ。

多くの海生生物のように、卵を産みっぱなしという無責任な事はしないため、種も繁栄しそうなものだが、彼等の個体数は急速に減少している。そのあまりに珍しい姿形のため、ペット業者やマニアが片っ端から捕まえてしまうのだ。ただ、漂うばかりの彼等は対抗しうる筈《はず》もなく、見かねたオーストラリア政府は保護動物に指定した。

このあまりに受け身で、なすがままの生物は、かの国の行政規制を唯一《ゆいいつ》の生存の拠《よ》り所として、今も海中をはかなげに漂っている。

［ リーフィーシードラゴン ］

体長40センチ。タツノオトシゴの仲間。オーストラリア南部の沿岸だけに生息する。小エビなど小生物を捕らえて食べる。雄の孵化袋（ふかぶくろ）という部分に雌は卵を300個ほど産み付け、雄は８週間にわたって卵を抱き続ける。８月の繁殖シーズンには雄は２度卵を孵す。英名はLeafy-Sea Dragon。

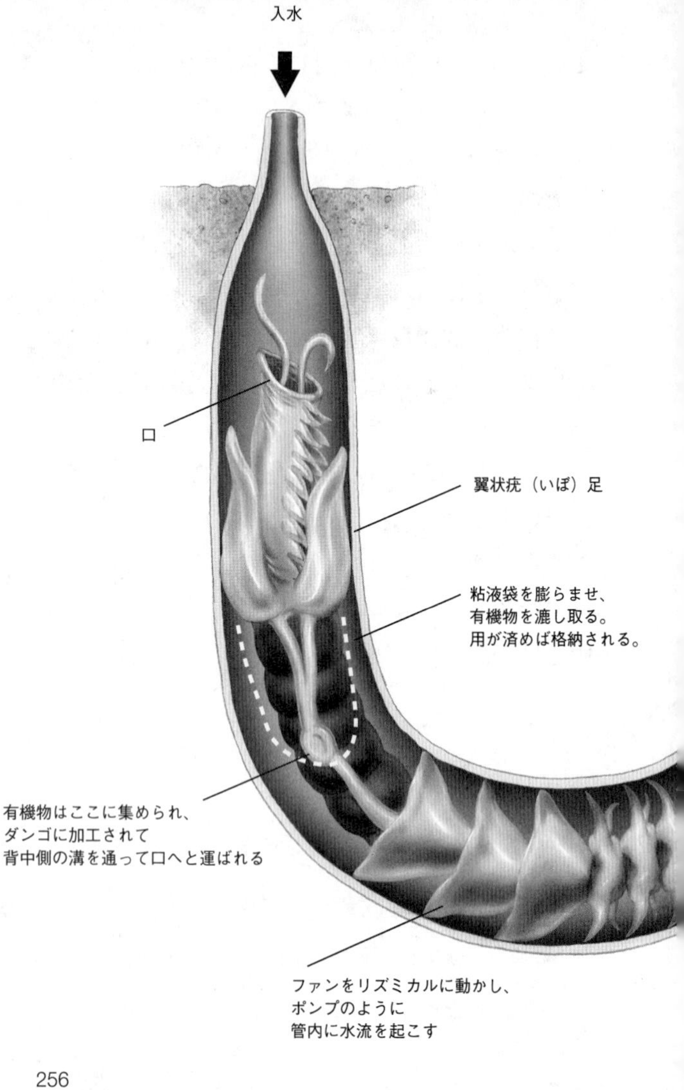
入水
口
翼状疣（いぼ）足
粘液袋を膨らませ、
有機物を漉し取る。
用が済めば格納される。
有機物はここに集められ、
ダンゴに加工されて
背中側の溝を通って口へと運ばれる
ファンをリズミカルに動かし、
ポンプのように
管内に水流を起こす

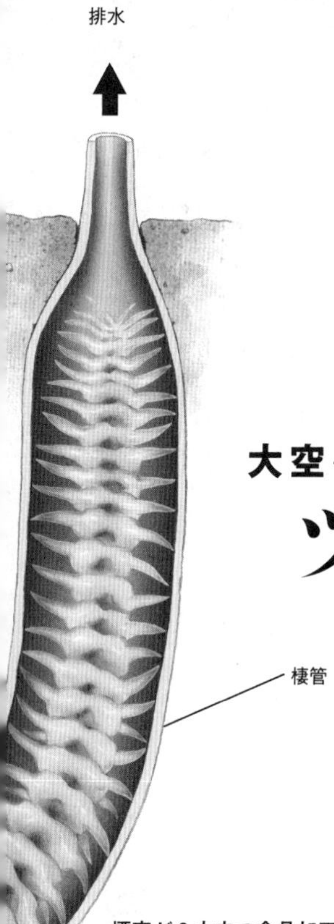


## 大空を舞うための翼に非《あら》ず

# ツバサゴカイ

**煙突が２本立つ食品加工工場**

粘液で裏打ちされた、羊皮紙なみに丈夫な巣と一体化、食物加工システムとして働く。

この物体Xばりの奇妙な生物は、無論宇宙から来たわけではない。地球のゴカイの一種である。棲管《せいかん》と呼ばれる奇妙なUの字型の巣穴の中に潜み、自らもひん曲がった格好で暮らしている。

胴体中央部の3つの「ファン」をリズミカルに動かし、水と共に酸素と有機物を巣穴へ取り込む。そして流れてくる有機物を特製の加工袋で**ダンゴに加工**、それをまた口へ搬送するという、システマティックかつ七面倒な摂食行動をとる。

自分自身が巣と一体化し、原料採取、食品加工、浄化装置の役を果たしているので外へ一歩も出る必要がない。Uの字は、こういった生活を営む上で、まことに合理的な形態である。ひきこもり者もうらやむ、理想的な自己完結的生態といえる。

　ならば彼らは一生この巣から出なくてもよさそうなものだが、繁殖期のある夜だけ、一斉にとり憑《つ》かれたように巣から這《は》いだし、集結すると大勢で狂ったように身悶《みもだ》えしながら精子、卵を放出するというはじけた集団繁殖行動をとる。

　**内臓が裏返し**になったような奇怪な形態といい、頭を千切られても10日で復活する驚異の再生力といい、ツバサというさわやかな語感とはほど遠い。

　しかも体全体から正体不明の**怪しい燐光《りんこう》**を発したりもするのだ。何故《なぜ》なのかは今もって解明されていない。ますますもってさわやかではない。

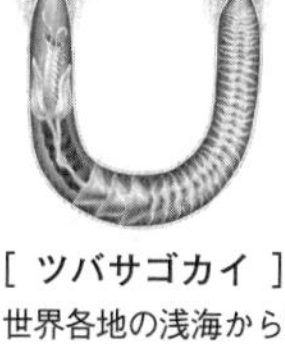

［ ツバサゴカイ ］

体長５～20センチ。世界各地の浅海から汽水域、干潟の砂泥中に棲管と呼ばれる巣穴を作って暮らす。水中の有機物を団子状にしてエサとする。12～４月の満潮時直後から生殖群泳を行う。日本の場合干潟に多く棲むが、干潟海岸自体が、深刻な消滅の危機にある。

1回メシを抜けば死ぬ
# トガリネズミ

※実物大

**昆虫並みの小ささ**

ネズミと名付けられているが実際はモグラの仲間である。
山地、森林などに生息する。

地球上で最も貪欲《どんよく》な動物。それがこの体重10グラムに満たない**世界で最小の哺乳《ほにゅう》類**、トガリネズミである。

トガリネズミはとにかく食う。ひたすら食う。食うったら食う。

やせの大食いどころではない。１日に自分の体重分も食うのだ。あまりに小さいため体熱の放射が激しく、エネルギーをまかなうために、常に食わなければならない。そのためにエサ探しに走り回る。そしてさらにまたエネルギーを消費……という具合に、つぶれかかった零細工場なみの自転車操業を繰り返している。いくら食っても食い足りないのだ。

だから食うためだったら何でもする。相手が自分よりでかいミミズだろうが、ネズミだろうが、獲物とみなすとかまわず襲いかかる。危険も保身も関係なく、技とかテクニックといった洒落《しやれ》たものは何一つない。とにかく手当たり次第に襲いかかり、食いまくる。

食っても食っても食っても食っても肥えるなどということはなく、エサがなくなると**三時間で死亡**。生きるために食うというより、食うために生きているのだ。

［ トガリネズミ ］

トガリネズミの仲間は170種ほど。ほぼ世界中に分布しており、日本には5種類が棲んでいる。主食は昆虫など。基礎代謝が極めて高いため常にエサをとらなければならず、食事と睡眠を3時間おきに繰り返す。トガリネズミにとっては3時間が1日なのだ。

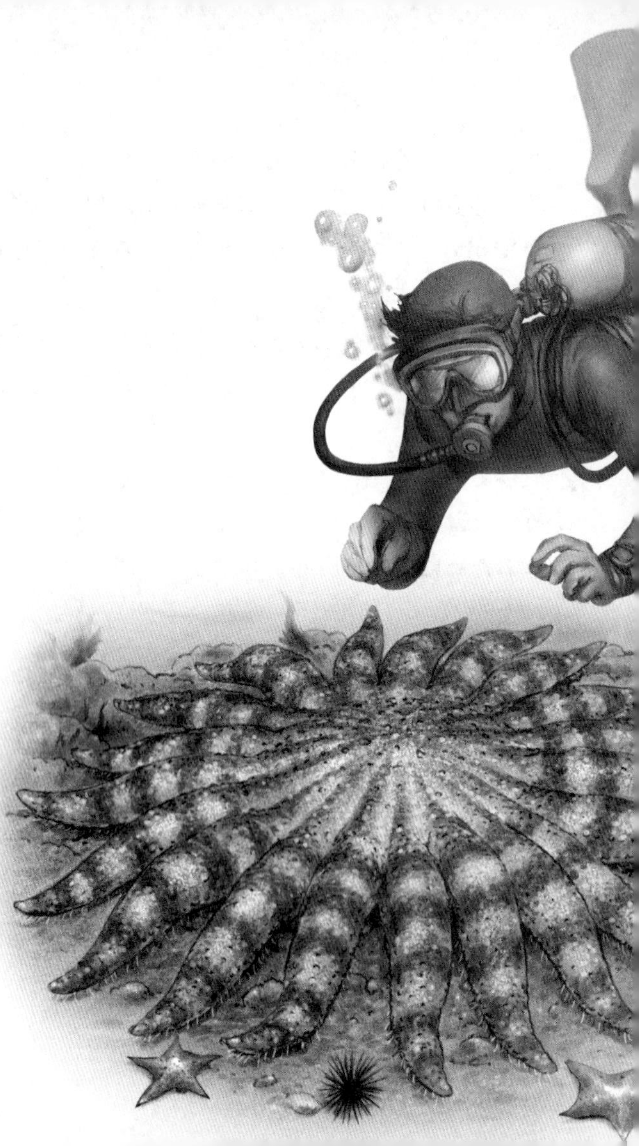

## 巨大な海底の「盲獣」

# ニチリンヒトデ

巨大ヒトデの襲来

映画「ID４」の巨大円盤のような襲撃に
エサとなる生物はさまざまな逃げ技を繰り出す。
アワビなどは捕まらないよう貝殻をよじり、
トリガイは棒高跳びのようにジャンプ、ナマコは猛ダッシュをかける。

**長辺1メートル、触手の数が24本**にも及ぶ、太平洋で最も大きく、重いヒトデ。

**ヒトデ界のティラノサウルス**と呼ばれるが、こんなに巨大なら動きもさぞ緩慢かと思いきや、棘皮《きょくひ》動物界にあっては、マッハに匹敵する毎分3メートルという超スピードで移動する。

自在に動く触手と、ビロードのような柔軟な表皮は、どんな障害物をも滑らかに通り抜けて進撃し、進路上にいるヒトデ、ナマコ、貝、ウニなどの小さき者たちをことごとく食い尽くしていく。

このニチリンヒトデが現れると、これらの哀れな棘皮動物たちはパニックを起こす。なにしろ天を覆《おお》うばかりの化け物が超高速で迫ってくるのだ。それぞれに独自の逃げ技を繰り出すが、そんな小細工など眼中になく、ニチリンヒトデは難なく獲物にのしかかると、呑《の》みこむなどというまだるっこい真似《まね》もせず、自らの胃袋を外部に押しだし、ダイレクトに犠牲者を消化してしまう。

しかしこの天災のような襲撃も、二次元上のものであり、ほんの5センチばかり上空へ泳ぎさえすれば難は逃れられるのだが、それができないところが棘皮動物の悲しさである。

ニチリンヒトデは、ほとんどすべてを触覚に頼っている。暗い海の底で、肉を求めて触覚だけを頼りに蠢《うごめ》くそれは、海底の「盲獣」ともいえるだろう。

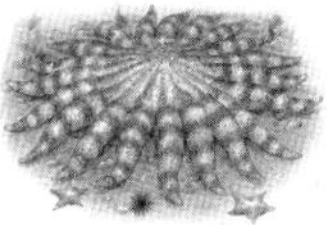

[ ニチリンヒトデ ]

直径最大1メートルにも達し、管足は1万5千に及ぶ。あまりの大きさに干潮時に座礁する事もある。ウニ、ナマコ、貝などを貪欲に食う。無敵のようだが唯一の敵はタラバガニで、遭遇すると通常の4倍のスピードで逃げるか、もしくは脚を1本「自切」して相手に与えて逃げる。

お前さんがた、アシを切りなさるとでも…

# ザトウムシ

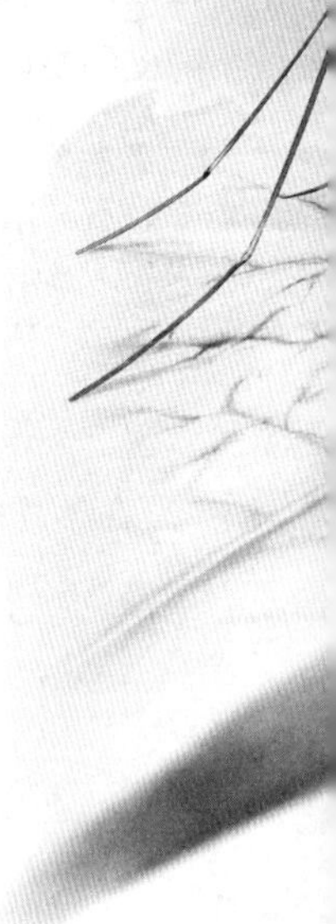

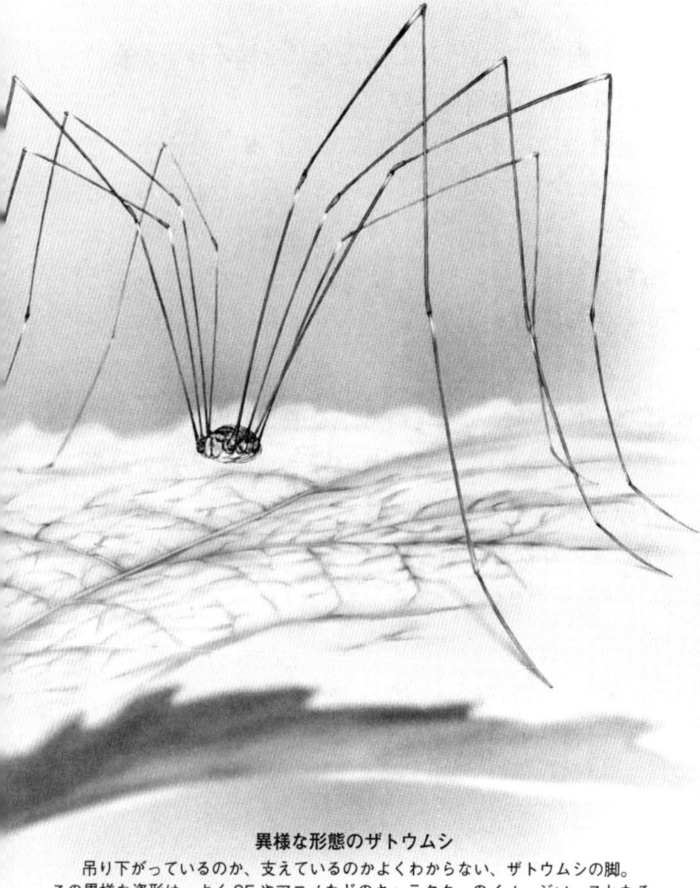

**異様な形態のザトウムシ**

吊り下がっているのか、支えているのかよくわからない、ザトウムシの脚。
この異様な姿形は、よくSFやアニメなどのキャラクターのイメージソースとなる。
「エヴァンゲリオン」でも、明らかにこれをモチーフとする"使徒"が登場した。

長い脚を杖《つえ》のようにしてあたりを探る様子から、座頭市ならぬ座頭虫と呼ばれる。

座頭市は己を「お天道様《てんとさま》の下ァ歩けねえやくざ者」というが、座頭虫ももっぱら夜に行動する。どう見てもクモだが、実はダニの仲間で、何が楽しいのか、集団で幽霊のようにユラユラと揺れていることもあり、別名ユウレイグモとも呼ばれる。

この髪の毛のような脚に、触覚、聴覚、雄雌の認識などさまざまな感覚器官が集中している。そのためダニ類のくせに存外きれい好きで、この長い脚を刀の手入れのように口でゆっくりしごく「あしはみ」という掃除を行う。

この重力を無視したような細く長い脚を見ると、**ムズムズと切りたくなってくるのが人情だ**。捕まえてプツリとやる。切れた脚は律儀《りちぎ》にまだ動くので、面白がってさらに切り、どんどん切り、ついにはイクラのような胴体だけが残るともう飽きてしまい、放り捨ててしまう。昔のガキどもはムシを見つければ、平気でこういう事をやっていた。それが子供の本能というものなのだ。

現代の子供たちは、無論こんな真似はしない。忙しくて、こんな虫けらにかまっている暇はないのだ。しかしその前に、町中でザトウムシを見かけること自体、もうほとんどなくなってしまった。

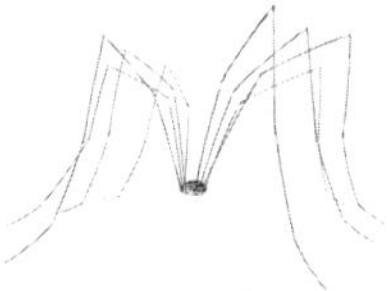

[ ザトウムシ ]

ザトウムシの種類は多く、世界に2000種を数える。日本のナミザトウムシは脚が180ミリあり、世界最大である。昆虫や蜘蛛なども捕らえて食べるが植物性のものも食べるので、森の掃除屋ともいわれる。敵に遭うと、トカゲの尻尾のように脚を切断して逃げることもある。また、集団で揺れるように動くのは、全体でひとつの大きな生物に見せかけ、捕食生物を欺くためと言われている。

私は貝になりたくない

# ツメタガイ

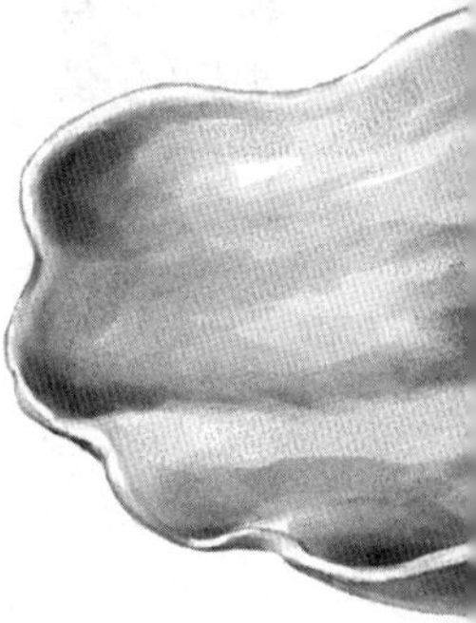

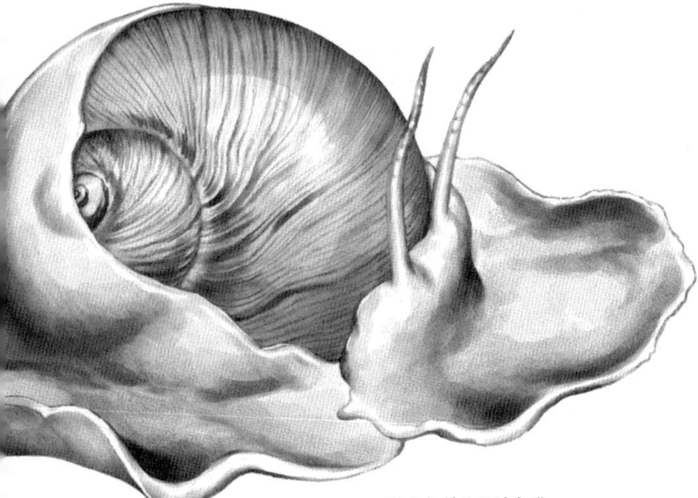

**ツメタガイの外套膜**

獲物を探すときは、この膜でスムーズに移動する。
またこの膜で殻を覆うと対ヒトデ用のバリヤーとなる。
粘膜がヒトデの管足をはじき返すのだ。

まん丸の穴が空いた不思議な貝殻が砂浜に落ちていることがある。何だろうか？　子供のイタズラか？　ショぼいアクセサリーか？　はたまた**地味なキャトルミューティレーション**か…？

**二枚貝の犠牲者**
歯舌（しぜつ）というのこぎり状の武器で穿孔され、円形の穴が空いている。貝の中には水を噴射して逃れるものもいる。

犯人はツメタガイである。貝のくせに貝を襲って喰い殺すという、貝は貝でも**凶悪な巻き貝**だ。

ただし貝だけあってその殺戮《さつりく》はじれったいほど緩慢である。

ツメタガイはいたいけな二枚貝に、死に神のマントのような膜を広げてゆっ……くり（本人としては全速力）襲いかかる。

慌《あわ》てた二枚貝はゆっ……くり（本人としては全速力）逃げるが、間に合わない。ツメタガイは相手を押さえつけ、荒っぽい金庫破りのように、酸とノコギリのような舌で数時間かけて（本人としては超高速）殻に穴を開ける。二枚貝はなすすべもなく、殻をうがたれる恐怖の掘削《くっさく》音を聞かされ続け、やがて空いた穴から、「ハサミ」付きの口が差し込まれると、その身をゆっ……くり刻まれ、溶かされ、すすられてしまう。悲鳴もないこの恐怖の惨劇はあまりにゆっ……くりなので、人間からすると、ただ**貝が仲良く並んでるようにしかみえない**。微速度の殺戮なのだ。

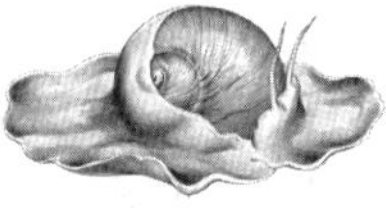

**［ ツメタガイ ］**

体長２～３センチ。大きいもので10センチに達する。北海道以南の内湾の砂地に生息。昼間は砂に隠れ、夜間にエサの貝を探して行動する。ツメタガイの酸は貝殻の炭酸カルシウムを分解し、歯舌（しぜつ）と呼ばれるおろし金状の器官で殻を穿孔（せんこう）する。また、砂茶碗と呼ばれる不思議な形の卵塊を作る。

2001年宇宙の鳥

# ササゴイ

**釣りをするササゴイ**

一度で失敗すれば何度もやり直し、釣れなければポイントを変え、エサも変えたり加工したりする。人間の釣り師と全く同じである。

道具を使う動物というのは存在する。

だがこのササゴイは木片などを「疑似餌《ぎじえ》」として使うという点で、他の動物より数段進歩しているともいえる。水面に投げた「エサ」に寄ってきた魚をクチバシで釣り上げるという、ルアー釣りをやるのだ。こんな生きものは他にいない。

ササゴイは、魚にエサをやってる人間からヒントを得て釣りを始めたといわれている。だが本当だろうか。それだけで「ウソのエサで魚をおびき寄せたらええやんか」という発想に自力で行き着くだろうか？　そんな一足飛びの革新的進歩は、**「2001年」の石版**でもなければ無理ではなかろうか？

そしてさらに、その思いつきを他のササゴイがどうして知ったのか？　口（バシ）コミで伝わったのか？　ササゴイが「月刊へらぶな」とかを発行したのか？

海で芋を洗うことを覚えた猿の知恵が、不思議にも隔絶した他の群れに一斉に伝播《でんぱ》した「101匹目の猿」という有名なエピソードがある。ササゴイの場合も、ある日ある時ある１羽にもたらされた飛躍的な進歩が、霊妙なるスペース・エナジーによって、他の仲間に一斉に伝わったのかもしれない。

しかしこのような話は、マーとかモーとかいった疑似科学系雑誌上でしたほうがいいかもしれない。

**[ ササゴイ ]**

全長52センチ、世界の温帯地域に広く分布する。日本には夏鳥として渡来し、春から秋ごろまで過ごす。他に道具を使う鳥はエサの卵を石で割るエジプトハゲワシなどがいるが、「疑似餌」という高度な道具の使い方をするのはササゴイだけである。

愛の回廊か、嫉妬《しっと》の洞穴か

# カイロウドウケツ

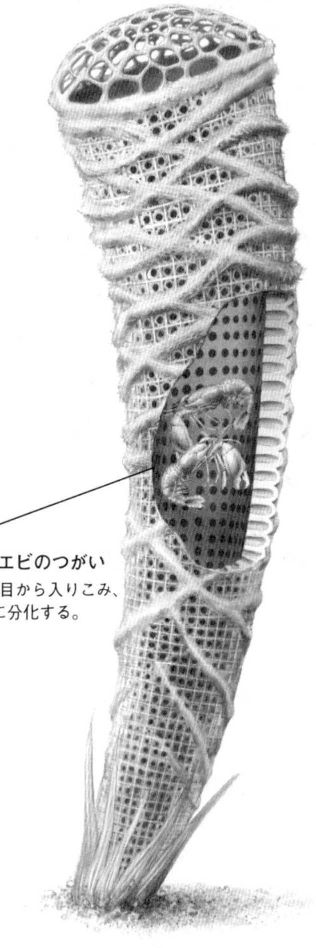
**体内で一生を過ごすエビのつがい**
未分化の幼生時代に編み目から入りこみ、
やがてオスとメスに分化する。

**根のような骨片を突き刺して立つ**
カイロウドウケツの組成はグラスウールに似ており、
柔軟性のある次世代光ファイバーの研究材料として注目されている。

精巧な工芸品のようなこのかごは、海綿の一種である。その体内（胃腔《いこう》）には「ドウケツエビ」というエビのつがいが住み、その中で一生を添い遂げる。これが結婚式の決まり文句「偕老同穴《かいろうどうけつ》の契《ちぎ》り」の所以《ゆえん》であり、縁起ものとして引き出ものにも贈られる。

エビにとってはこの「かご」は外敵の心配のない、最高のセキュリティである。幼生の頃に編み目から入り込み、成長すると**二度と出られないが**、そもそも出る必要がない。ここは誰にも邪魔されない愛のパラダイスなのだ。

英語でも「ビーナスの花かご」と呼ばれる美しく

繊細な造形。そして夫婦和合の縁起をかつぎ、メリットなどないにもかかわらず、体内に小さき者たちを住まわせ、その愛の営みをそっと見守る優しさ。どれをとっても素晴らしい生物である。

しかし、カイロウドウケツの体内には、たまに何を間違えたか、3匹のエビが共生することもあるという。こうなると愛の巣は嫉妬の疑獄へと一変する。幾何学的でシュールな閉鎖空間で、死ぬまで続く三角関係。人間だったら気が狂うかもしれない。

美しい花かごの中が天国なのか地獄なのか、外からは窺《うかが》い知れない。

[ カイロウドウケツ ]

直径1～8センチ。長さ30～80センチ。ガラス海綿類である。熱帯の深海に生息。珪素（けいそ）化合物が網状になった骨格を持っており、体表からプランクトンなどを濾過捕獲する。胃腔につがいのエビが棲むが、これは片利共生である。夫婦和合の縁起ものとしても知られる。偕老同穴の名は中国の「詩経」に由来するという。

あの生きものは今❷

# ツチノコはなぜ扁平《へんぺい》か

ＵＦＯ、心霊現象、バミューダ海域など、21世紀の今日でも未《いま》だに謎《なぞ》とされているものがある。ネッシーや雪男、大海蛇などの未確認動物もあまりにも有名だ。

我が国の有名な未確認動物といえば、何といってもツチノコである。有名といってもあくまで国内の話で、世界で「TUCHINOKO」などといってもまったく通用しないだろう。しかしながら我が国ではツチノコを知らぬ人はいない。ある意味メジャーな存在である。

そもそもツチノコとはいかなる生物なのか。

古くは江戸時代の博物図鑑『和漢三才図会《ずえ》』、本草学者小原桃洞《とうどう》の『桃洞遺筆』などに「野鎚蛇《のづちへび》」の記載がある。以降、現代に至るまでさまざまな場所でさまざまな人に目撃されているが、その目撃談から共通する特徴を列挙すると以下の通りだ。

○胴体はビール瓶ほどの太さ、扁平で体長は60センチほど。頭は三角形、首の部分がくびれた形。ネズミのような尻尾《しっぽ》がある。

○「ちゅっちゅっ」といった鳴き声を出し、いびきをかく。

○体色は黒、背中に網目模様、格子《こうし》模様、マムシ様の斑文《はんもん》などがある。ウロコはコイほどの大きさもあり、テカテカと光っている。

○目は吊《つ》り上がり、瞬《まばた》きをする。口の中は真っ赤。悪鬼のごとき形相で、目撃した人が寝込むほど醜悪である。

○滑るように移動することもあれば、背を曲げ、尺取り虫のように這《は》うこともある。バックも可能。垂直に立って威《い》嚇《かく》することもあり、また丸まって斜面を転がることもある。非常に素早い。

○人に襲いかかったり、追いかけて来ることもある。

総合すると、まるで妖怪《ようかい》である。しかしこの怪物は、実在が疑問視されているものの、キャラクターとしては非常に高い人気があり、人魚や河童《かっぱ》など他の不思議議系の生物にはなかった、全国的なブームも起きた。

最初のツチノコブームは、昭和48年、『釣りキチ三平』でお馴染《なじ》みの矢口高雄が少年マガジンで発表した「幻の怪蛇・バチヘビ」に端を発する。体験を元にしたこの

**ツチノコの移動方法**
(いずれも目撃談より)

1 スケートのように滑る

2 尺取り虫のように這う

3 尻尾をくわえて斜面を転がる

4 棒状になって転がる

リアリティあふれる漫画にコーフンした日本全国の少年たちは、ツチノコ捕獲隊をにわか結成、ご近所の空き地や裏山に全学連なみの勢いで突入していった。そして棒きれでやたらめったら草むらをぶっ叩《たた》き、「ツチノコがいた!!」と大騒ぎしたが、大抵それはビール瓶か、太めの野グソだった。当時の小学生男子は、女子より確実にバカであった。

雑誌はツチノコ特集を組み、ツチノコ関連の書籍が出版され、ついにあるデパートの企画では、30万円の賞金首にまでなった。しかし、大山鳴動してヘビ一匹捕れず、結局正体は不明のまま、いつしかブームは去り、マスコミでツチノコが騒がれることも、なくなっていった。

だが近年、ツチノコ騒ぎが立て続けに起こり、21世紀のこの日本で、まるで回帰熱（117ページ参照）のように、にわかにまたツチノコ熱は高まったのである。

岐阜県にある東白川村は、鉄道も通らぬ小さい村だったが、昔からツチノコの目撃例が多かったことから、村おこしの一環として、平成元年から**「ツチノコ出てこい祭り」**なるツチノコ探しのイベントを開催するようになった。捕獲すると賞金額は100万円（皮だけなら５万円）。訪れた家族客が山菜取りを楽しみながらツチノコを探すという、毎年恒例の人気のイベントである。村には「ツチノコ館」なる資料館が造られ、ツチノコに関するさまざまな学習ができる他、「ツチノコ体験室」なる味わい深いコーナーもある。

平成12年、岡山県吉井町で農業を営む男性があぜ道を歩いていると、**ドラえもんに似た生物**に遭遇。驚いた男性が草刈り機で一撃すると、生きものは水路に落ちていった。

数日後、それらしき死骸《しがい》を見つけた近所の主婦は、これを丁寧に埋葬した。だが町の寄り合いでこの話を聞いた役場の企画課長は、ツチノコに違いないと直感、主婦の心遣いもぶっちぎり、腐った死骸を掘り起こすと、生物学の教授に鑑定を依頼。マスコミも注目する騒ぎとなった。

科学的鑑定の結果は「ヤマカガシ」とのことであったが、どういうわけか**「ツチノコになりかけのヤマカガシ」**といったことに落ち着き、樹木のアスナロ（明日なろう）にひっかけ、**「ツチナロ」**と命名された。町はこれでツチノコ存在の**確証を得た**として、賞金2000万円を出すことを決定した。岡山県という所は岩井志麻子や横溝《よこみぞ》正史のダークな小説の舞台としてよく登場するが、なかなかどうしてその姿勢は、ポジティブである。

平成13年、兵庫県美方町《みかたちよう》では、「とうとうツチノコが捕獲された」というニュースが流れた。

この地にも昔から目撃例が多く、「美方ツチノコ探検隊」なるものが組織されており、町も「別荘地100

坪」を懸賞につけていた。

そのツチノコは工事現場付近で発見され、探検隊事務局に届けられるや、マスコミ数十社、そして数千人のマニアが訪れ、全国から問い合わせの電話が殺到、町はその対応で大わらわとなった。町はツチノコで一気にヒートアップ、議会はツチノコ基金の設置を検討、婦人会のツチノコ音頭の練習にも力が入った。

捕獲されたツチノコは**「ツーちゃん」**と名付けられ、

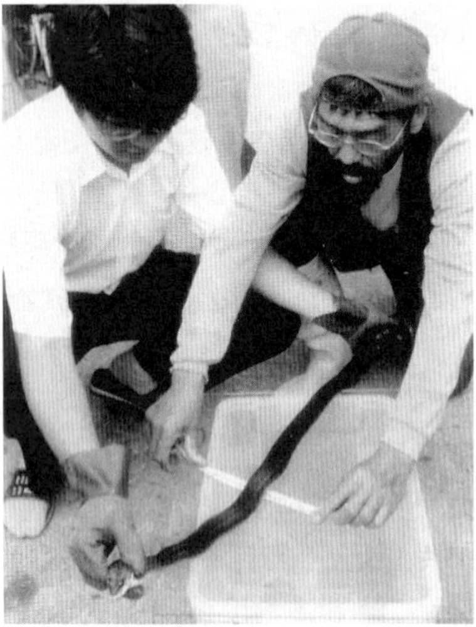

ツチノコを計測する探検隊の皆さん。

卵も産まれた。だが、ツチノコの子供誕生の期待が高まるなか、ツーちゃんは猛暑であっけなく死亡。その後の鑑定でこれは「ニホンヤマカガシ」と判定された。卵からはあどけない小へびが生まれたが、当然のこと単なるヤマカガシであった。

同じくツチノコ目撃例の多い兵庫県千種町《ちくさちよう》は、なんと**二億円**の懸賞金をかけた。

この話を聞いて「その辺の蛇をとっ捕まえてふくらませば…」と考えた輩《やから》は数知れずいただろう。

仏の教えによると、人の心は善と悪のバランスで成り立つそうだが、ここまで数字がつり上がると、人はそのバランスを失い、悪が優勢になってしまうのだ。そしてやはりというか当然というか、怪しい二人組がツチノコと称する蛇をもちこんできた。困惑した町役場が専門家に調査を依頼すると、これは“デスアダー”という外国産の毒蛇であった。

二億に釣られ、多くのにわか探検隊が組織された。また各地に、主に町おこしのネタとして、ツチノコ村、ツチノコ共和国といった名称の団体も多く生まれた。

かようにヒートアップした近年のツチノコフィーバーだったが、またしてもツチノコは一匹たりとも捕れなかった。

ではツチノコはやはり、空想の産物に過ぎないのだろうか？

しかしそう断定するには、昔から「異様に胴体の短いヘビが跳ぶように逃げていった」といった全国各地の目撃談はあまりに多い。

大抵はただ姿を見たという話だが、中にはこういった報告もある。

山菜取りに入った主婦が木の枝からぶら下がるのを見て逃げ帰った（宮崎県椎葉《しいば》村）

踏んづけてしまい、はずみで転んだ目の前を黄色い腹を見せながら一間ほど跳んでシダの中に消えた（奈良県下北山村）

林道の斜面からウサギが飛び出し、それを追うツチノコが丸くなって転がっていった（山梨県都留《つる》市）

ツチノコの目撃者は農業関係者、主婦、住職、警官、公務員などいろいろな職業にわたり、いずれも普通の一般市民である。マニアや好事家《こうずか》の類《たぐい》ではない。

そして「ビール瓶ほどの太さで扁平な胴体、三角形の頭にぎょろりとした目、素早い動作で跳ぶように逃げた」という点が、時代・地域を問わず一致している。

こういったエピソードが、ブームを盛り上げるための煽《あお》りだという、うがった見方も出来る。

しかしこのような話はブームなど関係ない昔から数多く伝えられ、またそれは、北は秋田から南は九州まで、ほぼ日本列島全域にわたっているのだ。そのためツチノコの呼び名もノヅチ、ツチヘンビ、ツチンコ、キノネコ、トックリヘビ（徳利蛇）、タワラヘビ、ゴハッスン（五八寸）、バチヘビ、コロガリ、テンコロ、コロゲなど50種ほどにも上るのである。

こうしたことを考えると、それがツチノコかどうかはともかく、非常に多くの人が「ヘビ状の異様な生きものを見た」ということだけは事実であるような気がしてくる。

だが、そうだとするとウロコ１枚どころか、写真１枚すら未《いま》だにないのは、どういうわけだろうか？

多くの超常現象、未確認動物といわれるものには、その真偽のほどはともかく、昔から「証拠」と呼ばれているものは存在する。

ネッシー、ＵＦＯ、心霊現象などには多くの写真、映像が残されている。2004年５月にはメキシコ空軍が飛行するＵＦＯの映像を撮影した（ちなみに軍が認めたＵＦＯ映像というのは世界で初めて）。

これらの「物的証拠」とされるものは、徹底的に科学のふるいにかければ、説明がつかぬものが、そのうちの何パーセントかは残るかもしれない。だが多くは「証拠能力なし」と判定される代物《しろもの》であろう。

だが、ツチノコに関しては、そういった曖昧《あいまい》な写真の１枚すらないのである。これは明らかにおかしい。

では昔から人間とツチノコは全く無接触であったのかというと、決してそうではない。案外、捕獲したという話も少なくないのだ。

藪《やぶ》で跳ねているところを生け捕ったが、家族が気味悪がるので逃がした、弱って動かないやつを抱え上げたが、祟《たた》りがあるから逃がせと爺《じい》さんに怒られて、仕方なく捨てた、ウサギを追っているツチノコを草刈り鎌《がま》で一刀両断にした、測量の帰りに林道で出会い、車で二度轢《ひ》いたが逃げてしまった、電動草刈り機で切ってしまい返り血を浴びた、魚取り用の張網にかかって死んでいたが、気味が悪いので網ごと捨てた、中には木で叩《たた》き殺して皮を剝《は》いで**焼いて食った**とか、連れの女性に飛びかかったので、踏んづけて木の枝でめった打ちにした挙げ句、死骸を遠くに放り投げた**柔道五段の住職**などの話もある。

なんちゅう殺生《せつしよう》さらすんじゃこのクソ坊主《ぼうず》と言いたくなるが、いずれの場合も、またとないチャンスだったにもかかわらず、気味が悪かったとか、女にイイとこ見せたかったとか、**祟られる**等の理由で、この生物学上の重大発見は、放り捨てられてしまっているのだ。また、後で気が付いて確かめに戻っても、面妖《めんよう》なことに何故《なぜ》か必ず死骸は消えており、専門の研究者の捜索でもいつも何かしらのトラブルで「一歩違いで」取り逃がしてしまうのである。

コリン・ウイルソンのいう「ウイリアム・ジェームズの法則」(注1)はツチノコの場合にも当てはまるようである。そしてツチノコ肯定派は、否定派を無知な

注1　**ウイリアム・ジェームズの法則**　ウイリアム・ジェームズ（超常現象の解明に取り組んだアメリカの心理学者。1842〜1910）は、超常現象の状況証拠は多く出るが、決定的証拠というのは不思議に出ないことを指摘した。こういった証拠は肯定者と否定者の溝を深めてしまう。

研究室の虫呼ばわりし、否定派は肯定派を、奇人呼ばわりする。しかし経験と証言のみでものごとを断定するのも、既知の認識に捕らわれて、新情報に耳目を塞《ふさ》ぐのも、いずれも真の科学的態度とは呼べぬものであろう。

目撃者の人格を否定せず、かつ従来の科学知識系統を侵食もしないという意味で、「見間違い」というのはそれなりの説得力がありそうだ。

おやじの膝で観念しているアオジタトカゲ。
その目は何か訴えかけているようだったが、子供たちは容赦ない。

たしかに、マムシやヤマカガシなどのヘビは、何らかの理由で非常に扁平《へんぺい》な形になることはあるそうだし、また、沖縄・奄美《あまみ》諸島のヒメハブ、オーストラリア産のマツカサトカゲやアオジタトカゲといったトカゲ類は、ツチノコのイメージに酷似しているといえなくもない。またこのアオジタトカゲは日本に入って来たころと、目撃情報が増えた時期というのが合致しているという説もある。

しかしこのアオジタトカゲは目つきこそ爬虫《はちゆう》類のそれだが、その面相は目撃談にある険しいイメージとはほど遠い。また取り立てて凶暴な種というわけでもない。上野動物園の「ふれあいコーナー」で、大勢のよい子たちにつつかれまくってグッタリしているぐらいである。そして何より、このトカゲは手足も短く、ジャンプなどまったくできない。ツチノコ目撃談に共通する俊敏性は全くないのだ。

かの精神病理学の始祖、C・G・ユング博士は、晩年、UFOは人類の普遍的無意識が現実に投影されたものだという説を発表した。

人間には無意識のレベルで、個人を越えて共通するある種の原初的なイメージがある。古代では、それはしばしば天使や天空を駆ける馬車など、宗教の衣をまとったイメージとして、宗教的恍惚《こうこつ》と共に多くの人に目撃されたが、ＵＦＯはその現代版だというのである。人間の普遍的な無意識のイメージが、時代の移り変わりと共に、天空の馬車から七色に輝く円盤に変わったのだという説である。

そうだとすると、ツチノコは我々日本人の普遍的無意識の投影だということはいえないだろうか？

昔から言い伝えられる、おびただしい数の目撃情報すべてを「ウソ、見間違い」の類で片づけるのは不自然であるし、その一方で物的存在を示すものは皆無。

このことを考えると、第三の可能性として、ツチノコ目撃者は日本人の無意識が象徴する何らかの原初的イメージを垣間見《かいまみ》たのではないかという疑問も、浮かんでくるのである。

こう考えると、初期キリスト教グノーシス派にイコンとして崇拝され、後に錬金術における無限・循環の象徴《シンボル》ともなった「ウロボロスの龍《りゅう》」と転がるツチノコとのイメージの符合も興味深く思える。

ウロボロスの龍

今まで、ツチノコ研究には、生物学的なアプローチしかなされておらず、また「いる」「いない」といった単純な二項対立の図式の中でしか、捉《とら》えられてこなかったが、こういった精神医学的なアプローチも、価値のないことではなかろう。

だが、西洋の普遍的無意識のイメージが「七色に輝く天空の飛行物体」であるのに対し、日本人の普遍的イメージが「ビール瓶みたいなヘビ」というのは、あまりに貧乏臭くないだろうか。

それが我々農耕民族の精神的な地金であるといわれてしまえばそれまでだが、何も平べったいヘビが転がらなくてもいいじゃないか。そしてまた、フヘンだかムイシキだか知らねえが俺ァそんなもん見たくて見たわけじゃねえ、といわれたらやはりそれまでである。

ユング博士を引き合いに出すのであれば、同じく精神医学の祖、フロイト博士を無視するわけにはいかない。精神病理を、何でもかんでも性的なものにしてしまうあのお方だが、しかし考えるとツチノコの形は、**アレそのもの**といっても過言ではない。

太く短いという点も、民族的特性に合致しているといえなくもないが、この点についてはウカツなことをいうわけにはいかない。

ＵＦＯや心霊現象といった超常現象は手の届かないところにある。興味のある人間さえも、こういった謎《なぞ》が解かれるとはあまり思っていないし、一般的には「ありえない」と否定するのが普通だ。

だが、ツチノコの場合、「ひょっとしてひょっとするかも‼」という淡い期待がある種の現実感を伴って常に漂っているのだ。ツチノコの最大の特徴はここにある。「いる」と「いない」の境界が、コンドームのごとく非常に薄いのだ。

他の未確認動物にはあまりこういったものはない、大海蛇やら雪男が見つかるとは到底思えないが、ツチノコは田舎の裏山でひょいと出会ってしまう気もする。今夜のＮＨＫニュースでアナウンサーが「ツチノコがとうとう見つかりました」と真面目《まじめ》な顔でいってもおかしくない。ツチノコはこういった夢と現実の狭間《はざま》の、ごく薄い境界に棲息《せいそく》しているのだ。だからこそ扁平なのかもしれない。

現在でも「ツチノコ研究会」といった団体を結成する人はいる。

ある団体には入団試験もあるほどだ。妻に「退職したらヨーロッパ旅行に連れてって下さいね」とせがまれている定年間近のお父さんも、「あー」などと生返事しつつ、内心は**「ツチノコで一発！」**と第二の人生を思い描いているかも知れない。ツチノコ団体には「夢を壊すから探さないでほしい」などという投書もくるという。

昭和48年のツチノコブーム以来、30年以上も我々は焦《じ》らされつつも実は夢を見続けているのである。ツチノコの謎を暴《あば》くなどということは科学的探求の名を借りた、野暮な行為かもしれない。

もし、ツチノコが見つかったらどうなるだろう。

隔離され、調べられ、実験材料にされ、見せものにされ、マスコミも人々も熱狂し、翌日には忘れ去られている。得られるものは一時の娯楽と、ホルマリン漬けのツチノコだけである。

網もカメラも投げ捨てて、山菜取りを楽しみながらツチノコ探検、このぬるさこそが、人とツチノコ双方にとって最も幸福なことかもしれない。

ちなみに2003年、イギリスＢＢＣのドキュメンタリーで、学者や専門家は音波探索機と衛星追跡装置を使って捜索した結果、ネス湖には巨大な生物は存在しない、と結論づけた。

神秘のネス湖は単なる湖になってしまった。この事実に何かメリットを見いだす人がいたのだろうか。

ツチノコは見つからぬからこそ値千金なのである。

# 参考文献


**動物好きの人のオモシロ事典**　伊藤政顕 著/KKベストセラーズ
**海のUFOクラゲ**/バンダイ出版
**イラスト事典深海生物図鑑**　北村雄一 著/同文書院
**海の生物**　G・トーソン 著/平凡社
**このすばらしき生きものたち**　荒俣宏 編/角川書店
**動物の神秘を探る**　V・B・ドレシャー 著/白揚社
**世界の怪動物99の謎**　実吉達郎 著/二見書房
**動物界の驚異と神秘**　リーダーズダイジェスト社 編/日本リーダーズダイジェスト
**ふしぎな動物たち**　I・アキムシキン 著/文一総合出版
**無脊椎動物の驚異**　リチャード・コニフ 著/青土社
**驚異の動物七不思議**　文藝春秋 編/文藝春秋
**動物たちの不思議な世界**　V・ガディス、M・ガディス 著/白揚社
**超能力をもった昆虫**　海野和男 著/日本テレビ放送網
**週刊朝日百科 動物たちの地球**/朝日新聞社
**南紀生物**/南紀生物同好会
**動物系統分類学第八巻（中）**棘皮動物/中山書店
**原色検索日本海岸動物図鑑1,2**　西村三郎 編著/保育社
**基礎生物学**/恒星社厚生閣
**大自然の不思議発見2**/創造科学研究会
**うみうし通信**/水産無脊椎動物研究所
**生物の動きの事典**　東昭 著/朝倉書店
**クモの巣と網の不思議** 多様な網とクモの面白い生活　池田博明 編/文葉社
**イカ・タコガイドブック**　土屋光太郎、山本典暎、阿部秀樹 著/阪急コミュニケーションズ
**ナマコガイドブック**　本川達雄、今岡亨、楚山勇 著/阪急コミュニケーションズ
**クラゲガイドブック**　並河洋、楚山勇 著/TBSブリタニカ
**貝のミラクル** 軟体動物の最新学　奥谷喬司 編著/東海大学出版会
**深海生物学への招待**　長沼毅 著/日本放送出版協会
**動物大百科14** 水生動物　A・キャンベル 編/平凡社
**動物大百科15** 昆虫　C・オトゥール 編/平凡社
**貝と水の生物**/旺文社
**原色現代科学大事典4** 動物第1　久米又三等 編/学研
**原色日本大型甲殻類図鑑1,2**　三宅貞祥 著/保育社
**深海** The deep ocean　久保川勲 著/誠文堂新光社

**ライフネイチャーライブラリー 海**/Time books
**ライフネイチャーライブラリー 魚類**/Time books
**ライフネイチャーライブラリー 爬虫類**/Time books
**ライフネイチャーライブラリー 昆虫**/Time books
**貝殻・貝の歯・ゴカイの歯**　大越建嗣 著/成山堂書店
**白蟻の生活**　モーリス・メーテルリンク 著/工作舎
**ダーウィン・ウォーズ** 遺伝子はいかにして利己的な神となったか
　アンドリュー・ブラウン 著/青土社
**ヘッピリムシの屁** 動植物の化学戦略　ウイリアム・アゴスタ 著/青土社
**完本・逃げろツチノコ**　山本素石 著/筑摩書房
**幻のツチノコ**　山本素石 著/つり人社
**ツチノコの正体**　神秘の現世動物　手嶋蜻蛉 著/三一書房
**幻の怪蛇バチヘビ**　矢口高雄 著/講談社
**恋の動物行動学** モテるモテないは、何で決まる?　小原嘉明 著/日本経済新聞社
**ウミウシガイドブック** 沖縄・慶良間諸島の海から　小野篤司 著/阪急コミュニケーションズ
**大昆虫記 熱帯雨林編 増補版**　海野和男 著/データハウス
**世界珍獣図鑑**　今泉忠明 著/桜桃書房
**海の生きもの**　Miranda MacQuitty 文/丸善
**毒をもつ動物**　ティリーザ・グリーナウェイ 文/丸善
**学習百科図鑑36** 両生・はちゅう類　原幸治、山本洋輔 著/小学館
**ブラインド・ウオッチメイカー**　リチャード・ドーキンス 著/早川書房
**空飛ぶ円盤**　C・G・ユング 著/ちくま学芸文庫
**ナショナルジオグラフィック** 2004 3月号/日経ナショナルジオグラフィック社
**ダーウィンよさようなら**　牧野尚彦 著/青土社
**Venus** 2004 1月号/日本貝類学会
**タクサ**第12号/日本動物分類学会
**Actinia** 12号/横浜国立大学教育人間科学部附属理科教育実習施設
**動物の世界大百科**/日本メールオーダー社
**原色日本魚類図鑑**　蒲原稔治 著/保育社
**世界大博物図鑑** 蟲類　荒俣宏 著/平凡社

イラストレーション：寺西晃
写真提供：毎日新聞社

この作品は平成十六年八月バジリコより刊行された。

川端康成著

# 伊豆の踊子

伊豆の旅に出た旧制高校生の私は、途中で会った旅芸人一座の清純な踊子に孤独な心を温かく解きほぐされる――表題作等4編。

川端康成著

# 愛する人達

円熟期の著者が、人生に対する限りない愛情をもって筆をとった名作集。秘かに愛を育てる娘ごころを描く「母の初恋」など9編を収録。

川端康成著

# 掌の小説

優れた抒情性と鋭く研ぎすまされた感覚で、独自な作風を形成した著者が、四十余年にわたって書き続けた「掌の小説」122編を収録。

川端康成著

# 舞姫

敗戦後、経済状態の逼迫に従って、徐々に崩壊していく〝家〟を背景に、愛情ではなく嫌悪で結ばれている舞踊家一家の悲劇をえぐる。

川端康成著

# 山の音

野間文芸賞受賞

得体の知れない山の音を、死の予告のように怖れる老人を通して、日本の家がもつ重苦しさや悲しさ、家に住む人間の心の襞を捉える。

川端康成著

# 女であること

恋愛に心奥の業火を燃やす二人の若い女を中心に、女であることのさまざまな行動や心理葛藤を描いて女の妖しさを見事に照らし出す。

「新潮45」編集部編

**殺人者はそこにいる**

―逃げ切れない狂気、非情の13事件―

視線はその刹那、あなたに向けられる……。酸鼻極まる現場から人間の仮面の下に隠された姿が見える。日常に潜む「隣人」の恐怖。

「新潮45」編集部編

**殺ったのはおまえだ**

―修羅となりし者たち、宿命の9事件―

彼らは何故、殺人鬼と化したのか――。父母は、友人は、彼らに何を為したのか。全身怖気立つノンフィクション集、シリーズ第二弾。

「新潮45」編集部編

**その時 殺しの手が動く**

―引き寄せた災、必然の9事件―

まさか、自分が被害者になろうとは――。女は、男は、そして子は、何故に殺められたのか。誰をも襲う惨劇、好評シリーズ第三弾。

「新潮45」編集部編

**殺戮者は二度わらう**

―放たれし業、跳梁跋扈の9事件―

殺意は静かに舞い降りる、全ての人に――。血族、恋人、隣人、あるいは〝あなた〟。現場でほくそ笑むその貌は、誰の面か。

「新潮45」編集部編

**悪魔が殺せとささやいた**

―渦巻く憎悪、非業の14事件―

澱のように沈殿する憎悪、嫉妬、虚無感――。誰にも覚えのある感情がなぜ殺意に変わるのか。事件の真相に迫るノンフィクション集。

「新潮45」編集部編

**凶悪**

―ある死刑囚の告発―

警察にも気づかれず人を殺し、金に替える男がいる――。証言に信憑性はあるが、告発者も殺人者だった！ 白熱のノンフィクション。

柴田錬三郎著

# 眠狂四郎無頼控（一～六）

封建の世に、転びばてれんと武士の娘との間に生れ、不幸な運命を背負う混血児眠狂四郎。時代小説に新しいヒーローを生み出した傑作。

柴田錬三郎著

# 眠狂四郎独歩行（上・下）

幕府転覆をはかる風魔一族と、幕府方の隠密黒指党との対決――壮絶、凄惨な死闘の渦中にあって、ますます冴える無敵の円月殺法！

柴田錬三郎著

# 眠狂四郎殺法帖（上・下）

幾度も死地をくぐり抜けていよいよ冴えるその心技・剣技――加賀百万石の秘密を追って北陸路に現われた狂四郎の無敵の活躍を描く。

柴田錬三郎著

# 赤い影法師

寛永の御前試合の勝者に片端から勝負を挑み、風のように現れて風のように去っていく非情の忍者〝影〟。奇抜な空想で彩られた代表作。

柴田錬三郎著

# 隠密利兵衛

隠密なのか、兵法者なのか。藩命と理想の狭間で苦悩する非運の剣客を描く表題作など、六人の剣客を描く柴錬剣鬼シリーズ。

柴田錬三郎著

# 剣　鬼

剣聖たちの陰にひしめく無名の剣士たち――彼等が師を捨て、流派を捨て、人間の情愛をも捨てて求めた剣の奥義とその執念を描く。

ビートたけし著　少年

ノスタルジーなんかじゃない。少年はオレにとっての現在だ。天才たけしが自らの行動原理を浮き彫りにする「元気の出る」小説3編。

ビートたけし著　浅草キッド

ダンディな深見師匠、気のいい踊り子たちに揉まれながら、自分を発見していくたけし。浅草フランス座時代を綴る青春自伝エッセイ。

ビートたけし著　たけしくん、ハイ！

ガキの頃の感性を大切にしていきたい――。気弱で酒好きのおやじ。教育熱心なおふくろ。遊びの天才だった少年時代を絵と文で綴る。

ビートたけし著　菊次郎とさき

「おいらは日本一のマザコンだと思う」――。「ビートたけし」と「北野武」の原点がここにある。父母への思慕を綴った珠玉の物語。

ビートたけし著　悪口の技術

アメリカ、中国、北朝鮮。銀行、役人、上司に女房……。全部向こうが言いたい放題。沈黙は金、じゃない。正しい「罵詈雑言」教えます。

ビートたけし著　巨頭会談

そんな驚きの事実があったのか――。政界からスポーツ界まで、各界の〝トップ〟が、たけしだから明かした衝撃の核心。超豪華対談集。

星新一著

妄想銀行

人間の妄想を取り扱うエフ博士の妄想銀行は大繁盛！　しかし博士は、彼を思う女からとった妄想を、自分の愛する女性にと……32編。

星新一著

ブランコのむこうで

ある日学校の帰り道、もうひとりのぼくに会った。鏡のむこうから出てきたようなぼくとそっくりの顔！　少年の愉快で不思議な冒険。

星新一著

人民は弱し　官吏は強し

明治末、合理精神を学んでアメリカから帰った星一（はじめ）は製薬会社を興した――官僚組織と闘い敗れた父の姿を愛情こめて描く。

星新一著

明治・父・アメリカ

夢を抱き野心に燃えて、単身アメリカに渡り、貪欲に異国の新しい文明を吸収して星製薬を創業――父一の、若き日の記録。感動の評伝。

星新一著

おせっかいな神々

神さまはおせっかい！　金もうけの夢を叶えてくれた〝笑い顔の神〟の正体は？　スマートなユーモアあふれるショート・ショート集。

星新一著

にぎやかな部屋

詐欺師、強盗、人間にとりついた霊魂たち――人間界と別次元が交錯する軽妙なコメディー。現代の人間の本質をあぶりだす異色作。

宮本輝著

**幻の光**

愛する人を失った悲しい記憶を胸奥に秘めて、奥能登の板前の後妻として生きる、成熟した女の情念を描く表題作ほか3編を収める。

宮本輝著

**錦繡**

愛し合いながらも離婚した二人が、紅葉に染まる蔵王で十年を隔て再会した——。往復書簡が過去を埋め織りなす愛のタピストリー。

宮本輝著

**ドナウの旅人**（上・下）

母と若い愛人、娘とドイツ人の恋人——ドナウの流れに沿って東へ下る二組の旅人たちを通し、愛と人生の意味を問う感動のロマン。

宮本輝著

**優駿**

吉川英治文学賞受賞（上・下）

人びとの愛と祈り、ついには運命そのものを担って走りぬける名馬オラシオン。圧倒的な感動を呼ぶサラブレッド・ロマン！

宮本輝著

**螢川・泥の河**

芥川賞・太宰治賞受賞

幼年期と思春期のふたつの視線で、人の世の哀歓を大阪と富山の二筋の川面に映し、生死を超えた命の輝きを刻む初期の代表作2編。

宮本輝著

**道頓堀川**

大阪ミナミの歓楽の街に生きる男と女たちの、人情の機微、秘めた情熱と屈折した思いを、青年の真率な視線でとらえた、長編第一作。

# 新潮文庫最新刊

河合隼雄著
岡田知子絵
## 泣き虫ハァちゃん

ほんまに悲しいときは、男の子も、泣いてもええんよ。少年が力強く成長してゆく過程を描く、著者の遺作となった温かな自伝的小説。

中島義道著
## エゴイスト入門

大勢順応型の日本的事勿れ主義を糾弾し、個人の快・不快に忠実に生きることこそ倫理的と説く。「戦う哲学者」のエゴイスト指南。

木田元著
## 反哲学入門

なぜ日本人は哲学に理解しづらいという印象を持つのだろうか。いわゆる西洋哲学を根本から見直す反哲学。その真髄を説いた名著。

桂文珍著
## 落語的ニッポンのすすめ

全国各地へ飛び回り、笑いを届ける文珍師匠。その旅先で出会った人々の、優しさ、おかし味、楽しさを笑顔とともに贈るエッセイ集。

いしいしんじ著
## アルプスと猫
―いしいしんじのごはん日記3―

アルプスをのぞむ松本での新しい暮らし。夫婦のもとにやってきた待望の「猫ちゃん」と、突然の別れ。待望の「ごはん日記」第三弾！

入江敦彦著
## 怖いこわい京都

「そないに怖がらんと、ねき(近く)にお寄りやす」――微笑みに隠された得体のしれぬ怖さ。京の別の顔が見えてくる現代「百物語」。

# へんないきもの

新潮文庫　は-49-1

平成二十二年六月一日発行

著者　早《はや》川《かわ》いくを

発行者　佐藤隆信

発行所　株式会社　新潮社

郵便番号　一六二―八七一一
東京都新宿区矢来町七一
電話　編集部(〇三)三二六六―五四四〇
　　　読者係(〇三)三二六六―五一一一
http://www.shinchosha.co.jp

価格はカバーに表示してあります。

乱丁・落丁本は、ご面倒ですが小社読者係宛ご送付ください。送料小社負担にてお取替えいたします。

印刷・錦明印刷株式会社　製本・錦明印刷株式会社



ISBN978-4-10-131891-2 C0195